PETITE

AGRICULTURE

PAR DEMANDES ET PAR RÉPONSES

NOUVEAU

CATÉCHISME AGRICOLE

DES

ÉCOLES PRIMAIRES RURALES

A MM. LES MEMBRES

DES

COMICES AGRICOLES DE LA FRANCE

ET DES COLONIES

C'est à vous, Messieurs, que nous dédions ce **PETIT OUVRAGE ÉLÉMENTAIRE D'AGRICULTURE**, dont vous apprécierez de suite toute l'utilité, car *vous êtes les propagateurs et les conservateurs des bonnes méthodes de l'Art de cultiver le sol;* et ce qui peut concourir à en *simplifier* et à en *améliorer l'étude* a toujours obtenu vos suffrages.

L'époque sourit à ce travail : c'est avec bonheur que nous voyons le chef de l'État manifester la ferme volonté de faire progresser l'*Art le plus indispensable à l'humanité,* quand il dit :

> **« Les progrès de l'Agriculture doivent être**
> **» un des objets de notre constante sollici-**
> **» tude, car de son amélioration ou de son**
> **» déclin date la prospérité ou la décadence**
> **» des empires. »**

Jaloux de nous associer à de si hauts, de si providentiels desseins, nous apportons aujourd'hui notre tribut pour féconder le Grand-Œuvre dans la mesure de nos forces; et si vous accueillez, Messieurs, le modeste essai que nous vous dédions, vous encouragerez les efforts de celui qui n'a et n'aura d'autre ambition que celle d'être *utile à la jeunesse,* à laquelle il consacre exclusivement son temps le plus précieux depuis un grand nombre d'années.

D. PUILLE (d'Amiens)

PETITE
AGRICULTURE

PAR DEMANDES ET PAR RÉPONSES

NOUVEAU
CATÉCHISME AGRICOLE

DES

ÉCOLES PRIMAIRES RURALES

OUVRAGE DÉDIÉ

A TOUS LES COMICES AGRICOLES DE LA FRANCE ET DES COLONIES

Par D. PUILLE (d'Amiens)

DIRECTEUR DE L'ÉCOLE CENTRALE DE COMMERCE
DES ARTS ET DE L'INDUSTRIE A PARIS
PROFESSEUR DE SCIENCES PHYSIQUES ET DE MATHÉMATIQUES
Auteur d'ouvrages classiques adoptés, etc.

avec la revision de MM.

JARRE	AUCLERC
Vice-président de la Société d'Agriculture du Cher. — Président du Comice agricole de Baugy-les-Aix et de St-Martin.	Membre honoraire de la Société d'Agriculture du Cher. — Président du Comice agricole de Saint-Amand, (Cher).
Chevalier de la Légion d'honneur	Chevalier de la Légion d'honneur

INSTRUCTION — ACTIVITÉ — PROBITÉ
(N° 460)

Nouvelle édition

Revue avec soin et augmentée de plusieurs dessins intercalés
dans le texte

PARIS

LIBRAIRIE CLASSIQUE DE CH. FOURAUT ET FILS
47, RUE SAINT-ANDRÉ-DES-ARTS, 47

1879

OUVRAGES DE M. D. PUILLE (d'Amiens)

Dans la même Librairie.

	fr. c.
Leçons normales d'Arithmétique élémentaire, fort volume in-12, avec des Exercices et Problèmes...	1 50
Leçons normales d'Algèbre élémentaire, 1 vol. in-12, avec Exercices et Problèmes..................	2 75
Solutions raisonnées des *Exercices et Problèmes* contenus dans les Leçons d'Algèbre, 1 vol. in-12.....	3 »
Leçons normales de Géométrie élémentaire, beau volume in-12, avec de nombreuses figures dans le texte ; une série d'Exercices et Problèmes à résoudre.	2 50
Solutions raisonnées des *Exercices et Problèmes* de Géométrie, 1 vol. in-12, avec figures dans le texte....	2 60
Leçons normales de Physique élémentaire, beau volume, avec de nombreuses figures dans le texte.	3 50
Leçons normales de Chimie élémentaire, beau volume, avec de nombreuses figures dans le texte....	3 50
Cours complet d'Arpentage élémentaire (théorique et pratique), beau volume in-12, avec de nombreux dessins dans le texte et deux planches gravées sur acier indiquant les signes et les teintes conventionnels.	3 15
Le Même, avec quatre planches, dont deux au trait et deux entièrement lavées..........................	4 15
Traité spécial de la Division des champs dans tous les cas. Géodésie usuelle.— 2 beaux volumes in-12 (texte et atlas de 16 planches gravées sur acier)......	3 75

AVERTISSEMENT

Le Nouveau Catéchisme agricole a été spécialement composé pour les enfants qui fréquentent les écoles primaires : cet ouvrage leur permet de se livrer à l'étude de l'Agriculture dès qu'ils savent lire.

Notre attention a été frappée par une circulaire dans laquelle Son Excellence M. le ministre montre, pour les progrès de l'Agriculture, une sollicitude qui s'étend à tout ce qui peut contribuer à propager les éléments du bien-être parmi les populations. Par cette circulaire, les préfets sont engagés à faire introduire dans toutes les écoles primaires de la France, l'*instruction agricole*, à l'exemple de ce qui se pratique en Allemagne. Le ministre termine en considérant l'*universalité des connaissances agricoles comme le germe le plus vigoureux et le plus fécond de l'amélioration physique et morale de la classe la plus intéressante et la plus nombreuse de la société*.

Afin de nous identifier avec l'esprit et les intentions généreuses du ministre, nous avons entrepris la rédaction de ce travail; nous avons consulté les écrits des agronomes les plus éclairés, et tenu compte des précieuses communications de divers membres distingués des Comices agricoles de la France les mieux organisés, ainsi que des programmes qui nous ont été soumis; et, pour donner à l'ensemble de notre travail un dernier degré de perfection relative, nous avons soumis l'œuvre à la revision de deux hommes qui ont rendu de grands services à l'Agriculture, et dont le patronage est la meilleure garantie du succès d'un livre tel que celui-ci.

Nous avons cru devoir adopter la forme du catéchisme de la paroisse; et il nous a paru bien naturel d'initier l'élève aux œuvres si variées du Créateur au moment où il étudie, par la même méthode, tout ce qui a rapport à l'Auteur de toutes choses. Nos questions et nos réponses sont mises à la portée des jeunes lecteurs auxquels nous destinons ce livre; nous avons, d'ailleurs, fait nos efforts pour arriver à la tournure *la plus laconique* et la *plus claire* possible. Les élèves, en quittant les bancs de l'école, posséderont donc les premiers éléments de la science importante de l'Agriculture; ils sentiront en même temps et insensiblement le goût de toutes les améliorations qui peuvent les conduire un jour à perfectionner, autant qu'ils le pourront, les méthodes agricoles adoptées par leurs ancêtres.

En généralisant les principes que nous avons développés dans cet ouvrage, nous avons banni, avec le plus grand soin, cette teinte de localité qui pouvait en restreindre l'emploi. Que ce livre soit adopté dans toutes les communes de France, et qu'il soit approuvé par tous les Comices agricoles auxquels il est dédié, et nous reconnaîtrons que nous avons encore pu être utile en secondant les vues bienfaisantes du chef de l'État : ce sera notre plus belle récompense.

D. Puille (d'Amiens).

Paris, 17 mai 1856.

SUR CETTE NOUVELLE ÉDITION

Nous avons revu avec soin le Petit catéchisme agricole, et nous avons modifié plusieurs réponses pour les rendre plus simples et plus exactes.

Nous engageons MM. les professeurs qui font usage de cet ouvrage, à nous adresser *franco* leurs observations sur ce qui leur paraîtra susceptible d'être modifié, et nous saurons amplement dédommager nos confrères pour les sacrifices qu'ils s'imposeront en nous affranchissant une lettre qu'on devra envoyer directement à nos éditeurs, rue Saint-André-des-Arts, 47, à Paris.

NOUVEAU
CATÉCHISME AGRICOLE

DES

ÉCOLES PRIMAIRES RURALES

PREMIÈRE PARTIE
CULTURE EN GÉNÉRAL

—

PREMIÈRE LEÇON
DÉFINITIONS. — DIVISIONS DE L'AGRICULTURE

1. Qu'est-ce que l'*agriculture?*

L'*Agriculture* est l'art de travailler la terre de la manière la plus parfaite et la plus économique, pour en retirer les productions végétales les plus nécessaires aux besoins de l'homme et des animaux.

2. Combien distingue-t-on de classes d'êtres existant à la surface ou dans l'intérieur de la terre?

Les êtres qui existent à la surface ou dans l'intérieur de la terre se partagent en trois classes, auxquelles on donne le nom de *règnes;* ce sont : 1° le *règne animal,* — 2° le *règne végétal,* — 3° le *règne minéral.* Les deux premiers règnes comprennent les êtres doués de la vie; on les nomme *corps organiques* (1). — Le dernier comprend les êtres *bruts* ou privés de la vie; on les appelle *corps inorganiques.*

3. Quels êtres comprend le *règne animal?*

Le *règne animal* comprend tous les êtres vivants qui sentent

____

(1) Chez les animaux et chez les végétaux on donne le nom *d'organes* à toutes les parties exécutant une fonction de la vie.

et se meuvent à leur gré, depuis l'homme jusqu'au plus petit des insectes.

4. Qu'entend-on par *règne végétal?*

On entend par *règne végétal* l'ensemble de tous les êtres vivants, mais dépourvus de la faculté de quitter l'endroit où ils ont pris naissance, depuis le plus grand arbre jusqu'à la plus petite des plantes.

5. Quels êtres embrasse le *règne minéral?*

Le *règne minéral* embrasse tous les êtres privés de la vie, tels que les minéraux, les pierres de toute nature et les matières solides, liquides ou gazeuses.

6. En combien de parties divise-t-on *l'art de cultiver la terre?*

L'art de cultiver la terre se divise en sept parties :

1° *L'agriculture proprement dite* ou *culture champêtre*, qui s'occupe de la culture des céréales, des plantes oléagineuses, fourragères, etc. ;

2° *L'horticulture*, qui traite de la culture des jardins ;

3° La *sylviculture*, qui a pour objet la culture des bois ;

4° La *viticulture*, qui s'occupe de la culture de la vigne ;

5° *L'arboriculture*, qui traite de la culture des arbres ;

6° La *zootechnie*, qui a pour objet l'éducation des bestiaux ;

7° *L'économie rurale*, qui embrasse toutes les branches d'industrie relatives à la culture du sol, à la combinaison, à la direction et à l'application des moyens dont dispose le cultivateur pour en tirer le meilleur parti.

DEUXIÈME LEÇON

AGENTS NATURELS NÉCESSAIRES A LA VÉGÉTATION

7. Quels sont les *agents* qu'il importe au cultivateur de connaître?

Les *agents* qu'il importe au cultivateur de connaître sont : l'air, l'eau, la *chaleur*, la *lumière* et l'*électricité*.

8. Qu'est-ce que l'*air*?

L'*air* est le corps gazeux qui entoure la terre et dans lequel nous vivons, ainsi que les animaux et les végétaux. Le *vent* est l'air mis en mouvement; *l'atmosphère* est cette grande masse d'air qui enveloppe la Terre jusqu'à une hauteur de 7 à 8 myriamètres environ.

9. De quoi l'air est-il composé?

L'air est un mélange de trois gaz différents, invisibles, qui agissent chacun d'une manière particulière sur les êtres de la création. Ces gaz sont l'*oxygène*, l'*azote* et l'*acide carbonique* en très petite quantité.

Sur 100 parties d'air, il y a 21 parties d'oxygène, 79 d'azote, quelques traces d'acide carbonique, et une quantité variable de *vapeur d'eau*.

10. Quel est l'*effet de l'air* sur les plantes?

L'air pénètre dans toutes les parties des plantes pour y déposer ou modifier les éléments qui servent à les nourrrir. Quand il contient une grande quantité d'acide carbonique, ce dernier se trouve décomposé, et le carbone reste dans les organes des végétaux; l'air est dit alors *purifié*, étant débarrassé d'un corps dont l'excès peut nuire aux animaux.

11. Qu'est-ce que l'*eau*?

L'*eau* est un corps liquide, à la température ordinaire, sans couleur ni odeur. Suivant certaines influences, ce corps peut se présenter à l'état solide ou à l'état gazeux.

12. De quoi l'*eau* est-elle composée?

L'eau est une combinaison (1) de deux corps gazeux: l'*hy-*

---

(1) Il faut bien comprendre la différence qui existe entre un *mélange* et une *combinaison*. Le *mélange* est un amas de substan-

drogène et l'*oxygène*. Une partie d'eau décomposée donne 2 volumes d'hydrogène et 1 volume d'oxygène.

12bis. Combien distingue-t-on de *sortes d'eaux?*

On distingue l'*eau filtrée* et l'*eau distillée.*

L'*eau filtrée* est l'eau qu'on a fait passer à travers une pierre poreuse ou certaines substances, telles que le sable, le charbon, capables d'en arrêter les grosses impuretés ; cette eau n'est pas pure, car elle peut encore contenir des matières dissoutes, telles que certains sels.

L'*eau distillée* est complètement pure ; on l'obtient en faisant bouillir le liquide pour le réduire en vapeur, que l'on refroidit ensuite pour avoir l'eau distillée.

13. Quelles sont les qualités de l'*eau bonne à boire* ou *eau potable?*

L'*eau bonne à boire* doit être fraîche, claire, sans saveur ni odeur ; elle doit contenir une certaine quantité d'air, cuire les légumes et mousser avec le savon.

14. Quel est l'*effet de l'eau* sur les plantes?

L'eau rend aux plantes l'humidité que les sécheresses leur enlèvent ; elle dissout les matières nutritives, en facilite l'absorption par les racines des plantes et l'assimilation dans les divers organes de celles-ci.

TROISIÈME LEÇON
SUITE DU SUJET PRÉCÉDENT

15. Qu'est-ce que la *chaleur?*

On nomme *chaleur* l'effet produit par un fluide invisible qui

---

ces distinctes, comme celui qui peut résulter en mettant dans un vase des grains de blé, des haricots et des fèves. La *combinaison* est ce qui résulte quand on unit par divers procédés des substances différentes qui perdent certaines de leurs propriétés particulières en donnant un corps totalement différent de ceux qui le constituent et ayant des propriétés nouvelles.

peut pénétrer toutes les substances ; on donne à ce fluide le nom particulier de *calorique.*

16. Qu'est-ce qu'un *corps froid* et un *corps chaud ?*

Un *corps froid* (1) est celui qui possède une petite quantité de calorique ; on nomme *corps chaud* celui qui en contient une plus ou moins grande quantité.

17. De quel instrument fait-on usage pour apprécier les différents *degrés* de chaleur et de froid ?

Pour apprécier les différents degrés de chaleur et de froid, on fait usage d'un instrument appelé *thermomètre ;* c'est un petit tube creux fermé aux deux bouts et contenant des substances liquides qui ne peuvent se congeler facilement, comme le mercure et l'esprit de vin. Sur le côté de ce tube, il existe une graduation qui indique les degrés de température : au-dessus d'un point marqué 0, elle indique les degrés de la chaleur, et au-dessous ceux du froid.

18. Qu'est-ce que la *lumière ?*

La *lumière* est un fluide qui, en se répandant sur les objets, les fait apercevoir et distinguer les uns des autres.

19. Qu'appelle-t-on *lumière réfléchie, — lumière absorbée ?*

On appelle *lumière réfléchie* celle qui est renvoyée par la surface d'un grand nombre de corps, particulièrement par les corps *polis.* On nomme *lumière absorbée* celle qui paraît être retenue dans certains corps, particulièrement dans les corps ternes ou d'une teinte foncée.

Les *corps opaques* ne sont pas traversés par les rayons lumineux ; on nomme *corps tranparents* ceux qui se laissent traverser par la lumière.

20. Quel est l'*effet de la chaleur et de la lumière* sur les plantes ?

La *chaleur* et la *lumière* ont la propriété de donner aux

______

(1) Le froid n'est qu'une moindre chaleur : il n'existe pas de corps d'un froid absolu : tel corps qui paraît froid pour quelqu'un peut paraître chaud pour un autre.

plantes la couleur, la saveur, le parfum et la consistance qui leur sont nécessaires; elles participent à la formation du bois et augmentent la vigueur des végétaux.

21. Qu'est-ce que l'*électricité?*

L'*électricité* est un fluide qui est répandu dans la nature, et qui peut déterminer sur les corps des effets particuliers. Un corps qui se laisse bien traverser par l'électricité se nomme *bon conducteur ;* un corps que l'électricité ne peut pas traverser est appelé *mauvais conducteur.*

22. Quel est l'*effet de l'électricité* sur les plantes?

L'*électricité* active la vie végétative des plantes; on remarque qu'à la suite d'un orage les plantes croissent plus vite et qu'elles semblent être influencées d'autant plus qu'il a tonné davantage.

QUATRIÈME LEÇON

DIVISION DU SOL. — NATURE DES TERRES

23. Qu'appelle-t-on *sol* en agriculture?

On appelle *sol,* en agriculture, la première couche de terre sur laquelle nous marchons; cette couche de terre est mêlée d'une plus ou moins grande quantité de pierres de diverses grosseurs et de diverses natures.

24. Comment le *sol* s'est-il formé?

Le *sol* s'est formé en grande partie de tous les débris de roches ou masses pierreuses à l'époque des grandes révolutions du globe. Les influences atmosphériques ont aussi insensiblement concouru à la réduction des roches en une poudre fine qui, s'étant mêlée aux débris de plantes ou d'animaux, a formé les terrains que nous appelons *terrains agricoles.*

25. Qu'appelle-t-on *humus?*

On appelle *humus* une terre qui présente généralement un

aspect pulvérulent et noirâtre ; cette terre provient de la décomposition des matières végétales et animales, et c'est elle qui fournit aux plantes l'*azote* et l'*acide carbonique* nécessaires à leur nutrition.

26. Comment divise-t-on les *sols* ou *terrains*?

Les *sols* ou *terrains* peuvent être divisés en trois catégories : 1° en *terrains calcaires*, — 2° en *terrains siliceux* ou *sableux*, — 3° en *terrains argileux*.

27. Qu'est-ce que le *terrain calcaire*?

Le *terrain calcaire* est celui où le carbonate de chaux prédomine. Ce terrain agit physiquement en rendant la terre meuble, et chimiquement en fournissant aux végétaux l'alimentation calcaire qui leur convient.

28. Comment reconnaît-on un *sol calcaire*?

Le *sol calcaire* se reconnaît à l'espèce de bouillonnement qui se produit quand on le met en contact avec du vinaigre très fort.

29. Qu'est-ce que le *terrain siliceux*?

Le *terrain siliceux* est celui où le sable et les petits cailloux forment la partie principale. Ce terrain se laisse instantanément traverser par l'eau qu'il reçoit et conserve peu l'humidité.

CINQUIÈME LEÇON

SUITE DU SUJET PRÉCÉDENT

30. Comment reconnaît-on le *sol siliceux*?

Un *sol siliceux* est rude au toucher ; il raye le verre par le frottement, et ne produit aucun bouillonnement quand il est mis en contact avec du fort vinaigre.

31. Qu'est-ce que le *terrain argileux*?

Le *terrain argileux* est celui où l'argile domine ; ce terrain maintient plus solidement les racines des plantes, et il retient l'humidité et les engrais.

32. Comment reconnaît-on un *sol argileux?*

On reconnaît un *sol argileux* quand la terre qui le compose s'attache à la langue, ou quand cette terre prend toutes les formes qu'on veut lui donner en la prétrissant après l'avoir humectée.

33. Qu'appelle-t-on *sols arables?*

On appelle *sols arables* ceux qui contiennent les éléments des sols précédents dans les proportions favorables à la culture; la substance qui domine dans le sol arable lui fait prendre un nom particulier.

34. Comment distingue-t-on les *sols arables* suivant la substance qui y prédomine ?

Suivant les substances qui prédominent dans les sols arables, on distingue les sols *argileux, crayeux, graveleux, glaiseux, marneux, sablo-argileux, sablo-calcaire, argilo-siliceux,* etc.

35. Qu'appelle-t-on *terres fortes,—terres légéres* et *terres franches ?*

On appelle *terres fortes* celles qui sont très argileuses et compactes; les *terres légères* sont celles qui sont formées soit de silice, soit de carbonate de chaux; ces terres ont peu de consistance et peuvent être facilement divisées. Enfin, on donne le nom de *terres franches* au sol formé de silice, d'alumine et de chaux dans les proportions les plus favorables à la végétation; cette terre contient une grande quantité d'*humus;* on la nomme *terre végétale* par excellence.

36. Quels sont les avantages d'un *sol profond?*

Un *sol profond* est la cause d'une plus grande fertilité, car les racines des plantes, moins gênées que dans un sol de peu d'épaisseur, peuvent se développer et s'approprier les matières nutritives nécessaires au végétal; enfin, le sol profond conserve et répartit mieux l'humidité, ce qui est une des bonnes conditions de la végétation.

37. Quel effet produit la *couleur du sol?*

Le sol de couleur noire, rouge ou foncée absorbe plus de chaleur que le sol de couleur blanche, et par suite se refroidit moins vite que ce dernier.

38. Quels avantages présente l'*exposition du sol?*

L'exposition du sol au midi est chaude; celle du nord est froide; celle du couchant est humide dans nos contrées. Enfin, après celles du midi et du sud-est, la meilleure exposition est celle du levant.

SIXIÈME LEÇON

SOUS-SOL

39. Qu'est-ce que le *sous-sol?*

On nomme *sous-sol* ou *terre vierge* la partie du sol (composée de terre, de pierres ou de roches) qui se trouve placée immédiatement au-dessous de la terre labourable.

40. En combien de catégories peut-on diviser les *sous-sols?*

Les *sous-sols*, comme les sols ou terres labourables, peuvent être divisés en trois catégories : 1° en *sous-sols calcaires*, — 2° en *sous-sols siliceux*, — 3° en *sous-sols argileux*.

41. Quelles sont les qualités des différents sous-sols?

La qualité des sous-sols est relative à la nature du sol.

Quand le sous-sol est siliceux ou calcaire, il laisse facilement passer l'eau; il est dit *perméable*. Lorsque le sous-sol est argileux ou formé de bancs pierreux, il retient fortement l'eau, et il est appelé *imperméable*.

42. Quel est le *sous-sol* qui convient aux *terres sablonneuses?*

Le *sous-sol* qui convient aux *terres sablonneuses* est le sous-sol argileux, puisqu'en retenant l'eau il permet aux racines de puiser l'humidité qu'abandonne trop vite le sol dans lequel elles végètent.

43. Quel est le *sous-sol* qui convient aux *terres argileuses?*

Le *sous-sol* qui convient aux *terres argileuses* est le sous-sol sablonneux, parce que les eaux que l'argile retiendrait en trop grande abondance peuvent s'écouler facilement, et que le sable, se mêlant à l'argile, forme un composé qui favorise l'asséchement.

44. Quel est le *sous-sol* qui convient aux *terres calcaires?*

Le *sous-sol* qui convient aux *terres calcaires* est le sous-sol argileux, et même sablonneux, suivant la qualité des terres calcaires.

SEPTIÈME LEÇON

QUALITÉS DES TERRES

45. Quelles sont les *principales qualités* que doivent réunir les terres pour être fertiles?

Les *principales qualités* que doivent réunir les terres pour être fertiles sont au nombre de huit; nous allons successivement les examiner.

46. Quelle est la *première qualité* d'une terre fertile?

La *première qualité* que doit posséder une terre pour être fertile, c'est d'être assez divisée pour se laisser facilement travailler à l'aide des instruments destinés à cet usage, et pour que les racines puissent la pénétrer sans difficulté.

47. Quelle est la *deuxième qualité* d'une terre fertile ?

La *deuxième qualité* d'une terre fertile, c'est d'être d'abord assez compacte pour que les plantes puissent s'y fixer sans être déracinées au moindre choc, ensuite assez humide et assez chaude pour que la germination des graines et des plantes s'y fasse dans les conditions les plus favorables.

48. Quelle est la *troisième qualité* d'une terre fertile ?

La *troisième qualité* d'une terre fertile, c'est d'être assez profonde pour que les racines puissent se développer autant qu'il est nécessaire à l'espèce du végétal qui y croît ; assez légère et assez poreuse pour que l'air et certains gaz puissent y pénétrer.

49. Quelle est la *quatrième qualité* d'une terre fertile ?

La *quatrième qualité* d'une terre fertile, c'est d'être assez perméable à l'eau pour que ce liquide puisse la pénétrer jusqu'aux racines des plantes. Il faut en outre que cette terre, en se desséchant, ne subisse pas un retrait qui, en produisant des fentes ou crevasses, peut déchirer les racines ou les exposer à l'action trop desséchante de l'air. 

50. Quelle est la *cinquième qualité* d'une terre fertile ?

La *cinquième qualité* d'une terre fertile, c'est d'être d'une couleur foncée assez forte pour absorber la chaleur des rayons du soleil et la retenir pendant la nuit, ce qui épargne un changement trop brusque de température.

51. Quelle est la *sixième qualité* d'une terre fertile ?

La *sixième qualité* d'une terre fertile, c'est d'être formée de portions à peu près égales d'argile, de sable et de substances calcaires, de telle manière que les désavantages que possèdent les unes de ces matières soient compensées par les avantages que possèdent les autres.

52. Quelle est la *septième qualité* d'une terre fertile ?

La *septième qualité* d'une terre fertile, c'est que, par sa chaleur et par son humidité, elle facilite la décomposition lente des débris animaux et végétaux, ainsi que des stimulants et autres engrais qu'on y répand, de manière qu'à la suite de cette décomposition les plantes puissent y trouver pendant tout le temps de leur accroissement les substances qui leur sont nécessaires.

53. Quelle est la *huitième qualité* d'une terre fertile?

La *huitième qualité* d'une terre fertile, c'est de reposer sur un sous-sol assez pénétrable pour faciliter l'écoulement des eaux en excès, et assez imperméable pour ne pas se laisser traverser par les eaux abandonnées trop vite par les terres supérieures. Il faut, en outre, que la pente du sous-sol soit telle que l'eau n'y puisse pas séjourner longtemps et y faire pourrir les racines des plantes.

HUITIÈME LEÇON

CLIMAT. — POSITION. — EXPOSITION

54. Qu'entend-on par *climat?*

On entend par *climat* l'ensemble des influences atmosphériques auxquelles se trouvent soumise une étendue de pays plus ou moins considérable.

55. Quelles sont les circonstances particulières qui déterminent le caractère d'un climat?

Les circonstances particulières qui déterminent le caractère d'un climat sont la durée de la chaleur ou du froid, la rareté ou l'abondance des pluies ou des orages.

56. Est-il possible, en agriculture, de classer les climats par catégories?

En agriculture, il n'est pas possible de classer les climats, car ils varient à l'infini, suivant les circonstances locales; on peut même dire que chaque commune a son climat particulier et défini.

57. Quelles sont les autres circonstances capables d'exercer une influence sur les qualités des terres?

On distingue encore, comme causes de modifications des terres, la *position* et l'*exposition*.

58. Combien distingue-t-on de positions dans les terres?

On distingue trois positions dans les terres : celles qui sont fortement en pente, celles qui sont bien à plat, enfin celles qui ont une position intermédiaire entre les deux premières.

59. Quel effet se passe-t-il sur les terres fortement en pente?

Les terres fortement en pente laissent écouler l'eau trop rapidement, et cette eau entraîne une partie de la terre végétale, ainsi que le suc qui peut servir de nourriture aux plantes.

60. Quel effet se passe-t-il sur les terres bien à plat?

Les terres bien à plat ont l'inconvénient de conserver l'eau trop longtemps, surtout si le sous-sol est imperméable, ce qui nuit considérablement aux plantes qui y croissent et dont les racines pourrissent en peu de temps.

61. Quel effet se passe-t-il sur les terres de position intermédiaire aux précédentes?

Les terres de position intermédiaire sont les plus favorables à la végétation : elles procurent aux eaux un facile écoulement sans perte d'humus.

62. Que fait-on pour atténuer le désavantage des deux premières positions?

Pour remédier au désavantage des terrains trop en pente, on plante des arbres, afin de maintenir les terres ; pour les terrains trop à plat, on établit des rigoles ou fossés d'écoulement, ou l'on a recours au drainage, dont nous parlerons plus loin (140).

63. Qu'entend-on par *exposition* des terres?

On entend par *exposition* des terres la situation qu'elles présentent relativement au nord, au midi, à l'est ou à l'ouest. Chacune de ces situations peut être modifiée par les objets situés dans le voisinage : c'est ainsi qu'un champ exposé au nord est abrité des coups de vent par une colline, et qu'un autre situé au midi est privé des rayons du soleil par une forêt.

NEUVIÈME LEÇON
AMÉLIORATION DU SOL

64. Qu'est-ce que *améliorer* une terre ?

Améliorer une terre, c'est la modifier pour la rendre plus fertile.

65. Par combien de moyens peut-on améliorer les terres ?

On peut améliorer les terres par trois moyens : 1° par les *amendements* et les *stimulants*, — 2° par les *engrais*, — 3° par les *labours*.

66. Qu'appelle-t-on *amendements* ?

On appelle *amendements* les diverses substances que l'on mélange avec le sol pour l'améliorer et le rendre plus productif.

67. Qu'est-ce que *amender* un terrain ?

Amender un terrain, c'est employer un amendement spécial sur ce terrain pour le rendre plus convenable à la culture.

68. De combien de manières les amendements agissent-ils sur les terrains ?

Les amendements agissent sur les terrains de deux manières : *chimiquement* et *mécaniquement*.

69. Comment les amendements agissent-ils *chimiquement* ?

Les amendements agissent *chimiquement* en décomposant

certaines substances du terrain pour former des composés, tels que la *soude*, la *potasse*, la *chaux*, etc., qui entrent dans la constitution des plantes.

70. Comment les amendements agissent-ils *mécaniquement?*

Les amendements agissent *mécaniquement* en rendant le terrain plus meuble lorsqu'il est trop compacte, ou plus consistant lorsqu'il est trop meuble.

DIXIÈME LEÇON

AMÉLIORATION PAR LES SUBSTANCES

71. Quels sont les principaux amendements employés en agriculture ?

Les principaux amendements employés en agriculture sont la *chaux*, la *marne*, l'*argile* et le *sable*.

72. Qu'est-ce que la *chaux?*

La *chaux* est une substance minérale que l'on fait cuire au four, pour en chasser l'acide carbonique et l'eau qu'elle renferme à l'état de carbonate de chaux. Cette substance a la propriété de décomposer l'humus et de le rendre plus assimilable aux plantes.

73. Comment emploie-t-on la chaux pour amender un terrain ?

Pour amender les terres par la chaux, autrement dit pour *chauler un terrain*, on dépose la substance, sortant du four, en petits tas éloignés l'un de l'autre de 5 à 6 mètres; on recouvre les tas d'une couche de terre de 15 à 20 centimètres, et on les abandonne pendant douze à quinze jours. Quand la chaux est réduite en poussière par l'action de l'humidité atmosphérique, on la répand à l'aide d'une pelle, le plus également possible, puis on herse; et, au moyen d'un faible labour, on l'enterre. Il faut avoir soin de profiter d'un temps sec et beau pour faire cette opération; on chaule ordinairement les terres en automne et même au printemps.

74. Quels sont les terrains qui peuvent être chaulés?

La chaux convient aux terres argileuses et sablo-argileuses, où le carbonate de chaux est en très petite quantité; on l'emploie particulièrement dans les terrains tourbeux ou marécageux nouvellement desséchés, surtout lorsqu'ils sont acides. Les terrains légers et ceux qui sont sablonneux ou qui contiennent un calcaire doivent être rarement chaulés.

75. Quelle est l'*action chimique* de la chaux?

L'*action chimique* de la chaux consiste à dissoudre les matières végétales et animales qui se trouvent dans le sol, pour les rendre propres à être absorbées par les plantes. La chaux par elle-même est impropre à la nutrition des végétaux : elle n'agit que comme dissolvant sur les différentes matières nutritives qui sont en contact avec elle.

ONZIÈME LEÇON

SUITE DU SUJET PRÉCÉDENT

76. Qu'est-ce que la *marne?*

La *marne* est une substance minérale formée de carbonate de chaux et d'argile ainsi que d'autres substances inorganiques dans diverses proportions. Suivant la qualité de carbonate de chaux qui entre dans la composition de la marne, on la distingue en *marne calcaire* et en *marne argileuse*.

77. Quel est l'emploi de la marne?

La *marne calcaire* convient particulièrement aux *sols argileux*, qu'elle ameublit beaucoup. La *marne argileuse* ne convient qu'aux *terrains sablonneux*.

78. Dans quel état doit être la marne pour produire un bon résultat dans son emploi?

Pour que la marne puisse produire un bon effet dans son emploi, il faut qu'elle soit sèche et bien délitée ; avant de l'employer sur un champ, il est essentiel d'assainir le terrain, pour que la dépense occasionnée par le marnage soit profitable.

79. Comment agit la marne dans les terrains qui la reçoivent?

La marne, suivant les éléments qui s'y trouvent (argile ou sable), modifie la composition du sol soit en lui donnant du liant, soit en le divisant. Cette substance concourt à la décomposition des corps renfermés dans le sol pour les rendre plus propres à la nutrition des plantes.

80. Comment emploie-t-on la marne pour amender un terrain ?

Pour *marner un terrain*, on conduit la marne pour la déposer sur le sol non labouré, ordinairement en automne ou en hiver ; au printemps, lorsque la substance est délitée, par suite des influences atmosphériques, on l'étend sur le terrain et à la pelle, le plus également possible ; puis, à l'aide du rouleau et de la herse, on parvient à la répartir sur le sol à peu près d'une manière égale. On termine l'opération au moyen de la charrue, qui mêle intimement la substance à la terre.

81. Quelles sont les autres substances qui peuvent servir d'amendements?

Les autres substances qui peuvent servir d'amendements sont l'*argile* et le *sable*. L'emploi de ces amendements n'est praticable que dans les circonstances où ils constituent le sous-sol du terrain qu'on veut amender ; dans le cas contraire, il faudrait trop d'argile et de sable pour amender convenablement ; et les transports exigeraient des dépenses considérables que ne couvriraient pas toujours les bénéfices produits par ces amendements.

DOUZIÈME LEÇON

STIMULANTS

82. Qu'appelle-t-on *stimulants ?*

On appelle *stimulants*, des substances qui, sans amender les terres, influent directement sur la végétation en excitant les organes des plantes pour leur faire puiser dans la terre ou dans l'atmosphère ce qui est nécessaire à leur nutrition.

83. Quels sont les *principaux stimulants ?*

Les *principaux stimulants* sont le *plâtre* et les *cendres*.

84. Qu'est-ce que le *plâtre ?*

Le *plâtre* est une substance minérale composée de chaux, d'acide sulfurique et d'eau ; elle est appelée *sulfate de chaux* par les chimistes.

85. Comment emploie-t-on le plâtre ?

Le plâtre est d'abord soumis à une calcination inférieure à celle de la chaux ; on reconnaît qu'il est cuit lorsqu'il commence à devenir rouge. Cette substance est répandue à la main, le soir ou le matin, à la rosée et même après une petite pluie, mais par un temps calme.

86. Quels sont les végétaux auxquels le plâtre convient le mieux ?

Les végétaux auxquels le plâtre convient le mieux sont la luzerne, le trèfle, le sainfoin, le petit trèfle jaune, les haricots, les pois, les fèves. Cette substance a été aussi employée avec avantage sur le chanvre, le mûrier, le maïs, la vigne. Il est convenable de plâtrer les végétaux quand ces derniers ont déjà quelques feuilles et qu'ils couvrent à peu près le sol qui les contient.

87. Qu'appelle-t-on *cendres ?*

On appelle *cendres* les divers résidus que l'on obtient par la combustion des substances végétales ou animales. Leurs propriétés stimulantes dépendent en grande partie des éléments qui entrent dans leur constitution.

88. Quelles sont les diverses espèces de cendres employées en agriculture?

On emploie, en agriculture, les cendres de bois, les cendres de tourbe, les cendres de houille. Les cendres sont formées d'oxydes métalliques, de terres et de divers sels ; moins une cendre contient d'oxydes métalliques et de terres, plus cette substance a de valeur.

89. Comment emploie-t-on les cendres?

Les cendres sont employées comme le plâtre ; on les répand également et légèrement sur le sol qui doit les recevoir. Les cendres de bois sont celles qu'on utilise le plus ordinairement ; ensuite viennent les cendres de tourbe presque aussi bonnes que les premières. Les cendres de houille ne sont qu'un amendement physique ; leur couleur rend les terrains un peu plus chauds.

On fait usage des cendres sur les prairies, le sarrasin, la navette, le chanvre et le lin.

TREIZIÈME LEÇON

ENGRAIS

90. Qu'est-ce qu'un *engrais*?

On nomme *engrais*, des substances (organiques et inorganiques) liquides, solides et même gazeuses, capables de réparer les pertes que la culture fait éprouver à la terre, et dont la présence dans le sol peut favoriser le développement des plantes.

91. Combien distingue-t-on de *sortes d'engrais*?

Les engrais sont divisés en *engrais animaux*, en *engrais*

végétaux, en *engrais mixtes*. Ils sont *naturels* ou *artificiels*, suivant qu'ils sont extraits de la terre ou produits par le travail de l'homme.

92. D'où proviennent les *engrais animaux ?*

Les *engrais animaux* proviennent de la décomposition des matières animales, telles que la chair, le sang, les os pilés, etc. Cet engrais est le plus énergique de tous ceux dont on fait usage; car, sous un même volume relatif, il contient une grande quantité de substances essentielles à la végétation des plantes.

93. D'où proviennent les *engrais végétaux ?*

Les *engrais végétaux* sont formés de feuilles, de tiges, de fruits, de racines, de divers résidus, tels que le tourteau de lin, de colza, d'amidonnerie, de féculerie, etc. La puissance de ces engrais est faible, car ils n'apportent à la terre que les éléments dont ils sont eux-mêmes composés, et ils ne concourent au développement de la plante qu'au point où ils ont atteint.

94. D'où proviennent les *engrais mixtes ?*

Les *engrais mixtes* résultent du mélange des deux précédents. On les emploie le plus généralement sous le nom de *fumier*, et ils proviennent du mélange des excréments du bétail avec la litière de l'étable.

Ce genre d'engrais est plus ou moins puissant, suivant l'espèce des animaux qui ont concouru à sa confection. Les litières peuvent être de la paille de blé, de seigle, de colza, etc. On peut les remplacer par des feuilles, des roseaux et autres matières végétales.

QUATORZIÈME LEÇON

SUITE DU SUJET PRÉCÉDENT

95. Quelle est l'utilité des engrais?

Les engrais favorisent la végétation des plantes de trois

manières: 1° ils se décomposent pour devenir les matières liquides ou gazeuses qui nourrissent les plantes ; — 2° ils produisent de la chaleur et ameublissent le sol ; — 3° enfin, ils ont la propriété de détruire les acides que la végétation ou d'autres causes déterminent dans les terres en culture.

96. Quels sont les usages particuliers du fumier des différents animaux ?

L'usage des fumiers varie avec la nourriture des diverses espèces d'animaux qui les ont produits. Ainsi : 1° les porcs, étant nourris avec des pois et des pommes de terre, ont un fumier qui sert particulièrement pour fumer les pois et les pommes de terre ;

2° Les vaches, étant nourries avec du foin et des betteraves, ont un fumier qui convient pour fumer les graminées et les betteraves ;

3° Comme le fumier des pigeons contient les substances minérales des grains, et comme celui des lapins renferme les substances fournies par le sol, ces fumiers conviennent aux plantes herbacées et aux légumes ;

4° Enfin l'urine et l'excrément humains, contenant en grande partie des principes minéraux de toutes les graines, servent de fumier à toutes les terres.

97. Qu'appelle-t-on *fumier froid* et *fumier chaud?*

On appelle *fumier froid* le fumier de vache et de cochon, ce fumier déterminant peu de chaleur dans la terre qui le reçoit. Le *fumier chaud* est celui du cheval, de l'âne, du mouton : ce fumier, confié à la terre, se décompose et produit une certaine quantité de chaleur.

98. Qu'appelle-t-on *fumier long* et *fumier court?*

Le *fumier long* est celui qui est encore en paille ; on. appelle *fumier court* celui qui est entièrement pourri et qui se présente sous l'aspect d'une substance grasse.

99. Quels sont les usages du *fumier long* et du *fumier court?*

Le *fumier long et chaud* convient particulièrement aux terres argileuses et froides, qu'il réchauffe et divise. Le *fumier court et froid* est employé pour les terres légères et chaudes, parce qu'il y conserve l'humidité nécessaire à la végétation.

QUINZIÈME LEÇON

SUITE DU SUJET PRÉCÉDENT

100. Est-il convenable de laisser longtemps le *fumier en tas sans l'étendre?*

Il faut éviter de laisser longtemps le fumier en tas sans l'étendre ; dans cet état, il fermente et laisse dégager différents gaz qui s'échappent dans l'air au préjudice de la terre.

101. De combien de *manières* peut-on conserver le fumier?

On peut conserver le fumier de trois manières : 1° en *tas*, — 2° dans des *fosses*, — 3° dans *l'étable*.

102. Comment conserve-t-on le *fumier en tas?*

Pour conserver le fumier en tas, on choisit, autant que cela se peut, un endroit dont le sol soit imperméable (1) et légèrement en pente. On mélange les fumiers des vaches, des chevaux et des porcs; on les place par couches, entre lesquelles on met du sable, du gazon, de la marne ou une terre quelconque, afin d'empêcher les couches des divers fumiers de trop s'échauffer. On entoure le tout d'une rigole, en réservant une petite fosse à l'endroit le plus bas.

---

(1) Si le terrain est sablonneux, il faut le glaiser avant d'y déposer le fumier.

Dans les temps secs, on arrose toute la masse avec le liquide qui s'est écoulé du tas, ou, à défaut, avec de l'eau ordinaire.

103. Comment conserve-t-on le *fumier dans les fosses?*

On conserve le fumier dans des fosses creusées à une profondeur suffisante pour que le liquide provenant des animaux ne puisse s'écouler ; on veille à ce que le fumier ne soit pas trop humide pour en éviter la perte pendant le transport.

104. Comment peut-on conserver le *fumier dans l'étable ?*

Comme le meilleur engrais est celui dont la production coûte le moins au cultivateur, on a l'habitude, dans certains endroits, de laisser le fumier dans l'étable sous les bestiaux qui le produisent (1), jusqu'à ce qu'on puisse s'en servir. Cette méthode, qui est la moins dispendieuse, ne peut pas toujours être employée, par suite de diverses circonstances.

SEIZIÈME LEÇON

SUITE DU SUJET PRÉCÉDENT

105. Y a-t-il d'autres substances employées comme engrais?

On fait encore usage comme engrais de la *poudrette,* de l'*urine,* de la *chair,* du *sang,* des *os,* des *cornes de sabots* d'animaux, de la *suie,* du *guano* et des *alcalis.*

106. Donnez quelques détails sur chacune de ces substances.

---

(1) On doit enlever, au moins de deux jours l'un, le fumier des chevaux ; quant à celui des autres animaux, certains praticiens prétendent qu'on peut mieux engraisser les animaux quand ils sont entourés d'une atmosphère chaude et pleine de la vapeur des fumiers.

La *poudrette* est la matière des fosses d'aisance qu'on a fait dessécher et réduire en poudre. On peut désinfecter la matière au moyen du charbon réduit en poussière ; on emploie aussi la chaux et souvent l'humus terreux.

L'*urine*, nommée aussi *purin*, est un excellent engrais quand elle est mélangée avec une certaine quantité d'eau et fermentée pendant quelque temps. On applique particulièrement cet engrais aux plantes fourragères.

La *chair* et le *sang* des animaux morts sont un des engrais les plus actifs ; pour le préparer, on enterre ces substances avec une certaine quantité de chaux ; au bout de quelque temps, on mélange le tout avec de la terre pour en faire usage.

Les *cornes de sabots* et autres substances organiques de ce genre, telles que la laine, sont aussi employées comme engrais animaux des plus durables ; on les enfouit dans des trous que l'on remplit de gazon. Cet engrais sert pour les prairies.

La *suie* est un engrais pulvérulent qui provient des cheminées ; on mélange à cette substance un sixième de chaux vive pour réduire en poussière les parties de la suie qui s'agglomèrent, et l'on sème cet engrais sur les blés ou autres plantes dans les premiers jours du printemps.

Le *guano* est une substance en poudre d'un jaune rougeâtre ; il provient des excréments d'oiseaux de mer accumulés depuis plusieurs siècles sur les côtes du Pérou et dans quelques îles situées à l'ouest de l'Afrique.

DIX-SEPTIÈME LEÇON

ALCALIS

107. Qu'appelle-t-on *alcalis*?

On appelle *alcalis* des substances minérales qu'on trouve

dans la nature et qui peuvent être absorbées par les plantes; telles sont la potasse, la soude, etc.

108. Combien distingue-t-on d'*espèces d'alcalis?*

On distingue trois espèces d'alcalis : 1° l'*alcali végétal*, — 2° l'*alcali minéral*, — 3° l'*alcali volatil*.

109. Où trouve-t-on ces diverses substances?

L'*alcali végétal* ou *potasse* se trouve dans toutes les plantes; on l'obtient généralement dans la cendre de bois, de tourbe et d'herbe.

L'*alcali minéral* ou *soude* s'obtient en brûlant les végétaux qui croissent dans la mer ou sur ses bords.

L'*alcali volatil* ou *ammoniaque* se forme par la décomposition des matières animales; on le trouve spécialement dans l'urine.

110. Les *alcalis* sont-ils utiles dans la terre?

Les alcalis sont utiles dans la composition des terres : en se combinant avec l'humus, ils rendent ce dernier plus soluble.

DIX-HUITIÈME LEÇON

PARCAGE ET ENGRAIS VERTS

111. Qu'est-ce que le *parcage?*

Le *parcage* consiste à faire séjourner des moutons pendant un certain temps sur le champ que l'on veut fumer.

112. Comment maintient-on les moutons sur les terres où ils doivent parquer?

On renferme les moutons dans des enceintes appelées *parcs*; on emploie pour cela des ouvrages faits de brins d'osier nommés *claies*, ayant la forme d'un rectangle ou carré long. Les claies se placent bout à bout et verticalement, de manière à former des parcs.

113. Le parcage est-il usité dans tous les pays?

Le parcage n'est pas usité dans tous les pays; on l'emploie généralement quand on manque de paille ou lorsqu'on veut fumer des terrains dans lesquels on pénètre difficilement ou qui sont très éloignés de l'habitation où l'on garde le fumier.

114. Qu'appelle-t-on *engrais verts?*

On appelle *engrais verts* ou *engrais végétaux* certaines récoltes sur pied provenant de diverses plantes que l'on enfouit dans le sol avant qu'elles soient à leur maturité.

115. Quelles sont les plantes qui conviennent le mieux pour être enfouies en vert?

Les plantes qui conviennent le mieux pour être enfouies en vert sont celles qui produisent la plus grande quantité de substances végétales. Suivant les endroits de la France, on enfouit des pois, des fèves, du lupin, du sarrasin au moment où ces plantes sont en fleur.

116. Dans quelle circonstance emploie-t-on les engrais verts?

On emploie les engrais verts quand il n'est pas facile de conduire du fumier ou le troupeau de moutons pour le parcage.

117. N'existe-t-il pas d'autres substances qu'on peut considérer comme engrais végétaux?

On fait encore usage, comme engrais végétaux, de tourteaux provenant du résidu de la fabrication des huiles de colza, d'œillette, de lin, etc. Les germes d'orge, les résidus des tanneries, les marcs de raisin sont également employés.

DIX-NEUVIÈME LEÇON

AMÉLIORATION PAR LE TRAVAIL

118. Quelles sont les opérations qui peuvent améliorer le sol, autres que celles qui sont relatives aux engrais?

Le sol peut être amélioré par le *défrichement*, le *défonce-ment*, l'*écobuage*, l'*essartage*, l'*épierrement*, l'*irrigation*, le *drainage* et les *labours*.

119. Qu'est-ce que le *défrichement?*

Le *défrichement* est une opération qui consiste à convertir en terres arables des terrains vagues, incultes ou couverts de plantes inutiles. *Défricher un terrain*, c'est supprimer tout ce qui s'oppose à la culture des plantes utiles.

120. Comment procède-t-on au défrichement d'un terrain?

Avant d'entreprendre le défrichement d'un terrain, il faut examiner avec soin si les produits qu'il donnera seront proportionnés à la dépense et à la perte de temps qu'il aura exigées.

121. Combien distingue-t-on de défrichements?

On distingue le défrichement *à la main* et le défrichement *à la charrue*.

122. Comment défriche-t-on à la main?

On *défriche à la main* à l'aide d'un *pic* ou d'une *houe*. On enfonce l'un de ces outils aussi profondément que possible dans le sol à défricher, pour soulever des portions de terre que l'on met en contact avec l'air atmosphérique. On doit avoir soin d'ôter les pierres à mesure qu'on les trouve dans le terrain.

123. Comment défriche-t-on *à la charrue?*

Le *défrichement à la charrue* se fait à l'aide de labours successifs dirigés de manière à détruire les plantes qui croissent naturellement dans le sol.

On donne le premier labour avant les gelées, quand la terre est encore humide et qu'elle peut facilement être ouverte; il doit être d'une certaine profondeur, afin de mettre à nu les racines des plantes.

Le deuxième labour a lieu après l'hiver, quand les racines sont pourries; il doit être plus profond que le premier, afin que de nouvelles terres soient mises en contact avec l'air.

Un troisième labour (qu'on peut remplacer dans certains cas par un simple hersage) suffit pour bien mettre les terres en contact avec l'air et compléter la destruction des mauvaises herbes : on peut alors commencer l'ensemencement.

VINGTIÈME LEÇON

DÉFONCEMENTS

124. Qu'est-ce que le *défoncement?*

Le *défoncement* est une opération qui a pour but de ramener à la surface d'un sol une partie du sous-sol pour améliorer le premier en lui donnant une substance qui peut servir d'amendement.

125. Combien distingue-t-on de *défoncements?*

On distingue *deux sortes de défoncements :* 1° le *défoncement à la bêche* (161), — 2° le *défoncement à la charrue* (163).

1° Le *défoncement à la bêche* (1) consiste à ouvrir, sur toute la longueur du champ, une tranchée ayant une profondeur égale à celle qu'on veut donner au défoncement, et suffisamment large pour que les ouvriers puissent y travailler sans gêne.

On conserve la terre pour combler la dernière tranchée ouverte, puis on creuse à la bêche un certain nombre de tranchées successives : la terre que l'on retire de chacune d'elles est employée pour combler la tranchée précédemment établie. Enfin, on jette au fond de chaque tranchée la terre

____

(1) Les instruments employés varient suivant la composition de la terre. Quand le terrain contient des pierres ou des rocailles, on fait usage d'une *tournée* ou *pic*.

qui se trouvait à la surface, et l'on réserve pour la surface celle qui se trouvait dans la couche inférieure.

2° Le *défoncement à la charrue* se fait soit au moyen d'une charrue ordinaire dont on fait pénétrer le soc plus avant dans la terre, soit à l'aide d'une charrue que l'on dispose de manière à pouvoir pénétrer dans l'intérieur du sol, soit enfin avec deux charrues à versoir qui se suivent, et dont la première fait un labour ordinaire, tandis que la seconde attaque le sous-sol.

126. Quels sont les *avantages* produits par le défoncement?

Le défoncement augmente la couche de terre végétale et débarrasse le sol de l'excès d'humidité en donnant à l'eau qui s'y trouve une plus grande quantité de terres à pénétrer; il détruit les mauvaises herbes, et permet aux racines des plantes de s'étendre et de se développer pour prendre beaucoup plus de nourriture.

127. Dans quel cas fait-on usage du défoncement *à deux charrues?*

Le défoncement *à deux charrues* n'est employé que lorsqu'on peut disposer d'une assez grande quantité d'engrais destinés à fertiliser la tranche de terre ramenée à la surface par la seconde charrue. Dans le cas contraire, on se contente d'attaquer le sous-sol sans le ramener à la surface, en faisant usage d'une charrue sans versoir.

VINGT ET UNIÈME LEÇON

ÉCOBUAGE ET ESSARTAGE

128. Qu'est-ce que l'*écobuage* et l'*essartage?*

L'*écobuage* et l'*essartage* sont deux espèces de défrichement qui se renouvellent de temps en temps et produisent à peu près les mêmes effets que les diverses substances calcaires employées en agriculture.

129. En quoi consiste l'*écobuage?*

L'*écobuage* est une opération qui consiste à enlever des couches de terre de plusieurs centimètres d'épaisseur sur la surface du sol. On laisse sécher les tranches; puis, après les avoir disposées par tas en forme de four que l'on remplit de broussailles et de fagotage, on y met le feu.

Au bout de quelques jours on répand la cendre sur la surface du sol, et on l'enterre par un léger labour; on sème ensuite la plante que l'on destine au terrain.

130. Quels sont les terrains qui supportent le mieux l'opération de l'*écobuage?*

L'écobuage des terrains tourbeux est très utile quand on manque de chaux ou de sable pour amender ces espèces de sols, car ces terrains renferment naturellement plus d'humus qu'il n'en faut pour la nutrition des plantes.

131. En quoi consiste l'*essartage?*

L'*essartage* consiste à peler le gazon à une épaisseur de 4 à 5 centimètres pour le faire sécher et le brûler ensuite, comme on l'a fait des terres dans l'opération de l'écobuage; on répand ensuite la cendre sur le sol, et on laboure avant de déposer la semence qu'on destine au terrain.

132. Sur *quel principe* les deux opérations précédentes sont-elles basées?

Les opérations de l'*écobuage* et de l'*essartage* sont basées sur ce que la combustion procure au sol une plus grande quantité d'alcalis minéraux (carbonate de potasse, de soude, etc.) séparés de la substance végétale de la tourbe et du gazon par l'action du feu.

133. Quelle est la considération relative à l'*essartage?*

On ne doit avoir recours à l'opération de l'essartage que si on ne peut pas faire autrement, car l'expérience a démontré qu'en retournant le gazon on peut produire une plus grande fertilité qu'en le brûlant.

Si l'on peut avoir du sable et de la chaux, en répandant ces substances sur le sol couvert de gazon et en labourant, on obtient encore une plus grande fertilité que par l'essartage.

VINGT-DEUXIÈME LEÇON

EPIERREMENT, — ARROSAGE, — DRAINAGE

134. En quoi consiste l'*épierrement* d'un terrain?

L'*épierrement d'un terrain* consiste à enlever les pierres qui se rencontrent à la surface et dans l'intérieur du sol.

135. Comment fait-on l'*épierrement?*

On fait l'*épierrement* d'un terrain par des labours un peu profonds; on découvre les pierres qui sont recouvert de terre, et, quand on en rencontre de trop grosses, on les fait éclater à l'aide de la poudre.

136. Par combien de moyens procède-t-on pour *arroser* les terrains?

Pour arroser les terrains on procède par trois moyens : 1° par *irrigation,* — 2° par *inondation,* — 3° par *infiltration.*

137. Qu'est-ce que l'*irrigation?*

On nomme *irrigation* une opération qui consiste à arroser uniformément au moyen d'un courant d'eau.

138. En quoi consiste l'*inondation?*

L'*inondation* consiste à faire arriver l'eau sur toute la surface d'un terrain plat et à retenir le liquide à l'aide d'un rebord. Une vanne est destinée à introduire l'eau; une autre est destinée à la faire écouler.

139. En quoi consiste l'*infiltration?*

L'*infiltration* consiste à introduire l'eau sur un terrain plat et perméable, à la conserver dans une série de rigoles qui communiquent entre elles en se prolongeant dans toutes les directions et sans avoir d'issue.

140. Qu'appelle-t-on *drainage?*

On appelle *drainage* l'ensemble des opérations qui ont pour but, au moyen d'un certain nombre de rigoles couvertes, l'écoulement des eaux en excès dans le sol.

141. Quels moyens emploie-t-on pour drainer?

Pour drainer, on fait usage de deux moyens : 1° on draine avec des tuyaux d'argile appelés *drains,* — 2° on emploie, au lieu de tuyaux, diverses matières, telles que pierres, bois, gazons, etc.

142. Quels sont, en agriculture, les *avantages* produits par le drainage?

Le drainage rend la terre moins dispendieuse à labourer en lui donnant plus de porosité et une température plus élevée. Dans une terre drainée, les principes nutritifs du sol sont dans les meilleures conditions pour être plus facilement absorbés par les racines, et les substances nuisibles sont transformées sous l'influence décomposante de l'air et de l'eau. Les récoltes, par suite, deviennent plus abondantes et plus assurées.

VINGT-TROISIÈME LEÇON
LABOURS

143. Qu'appelle-t-on *labours?*

On appelle *labours* les travaux qui ont pour objet d'ameublir le sol en mettant en contact avec l'air toutes les parties qui le constituent.

144. En quoi consiste un bon labour?

Un bon labour consiste en quatre choses principales; il a pour objet : 1° d'opérer le mélange de l'humus et des engrais qui sont nécessaires au sol, — 2° de rendre la terre perméable à l'air, à l'eau et aux divers principes fertilisants contenus dans l'atmosphère, — 3° de détruire les mauvaises herbes en les enfouissant ou en les arrachant, — 4° enfin, de faciliter le développement des racines en soulevant la terre.

145 Combien distingue-t-on de *sortes de labours?*

On distingue *trois sortes de labours* : — 1° le *labour préparatoire* ou *annuel*, — 2° le *labour de défoncement*, — 3° le *labour de semaille.*

146. En quoi consiste chacun de ces labours?

1° Le *labour préparatoire* est celui qui n'attaque pas le sous-sol; il n'a pour objet que de retourner les terres pour les mettre en contact avec l'air et les rendre plus poreuses; — 2° le *labour de défoncement* est un labour assez profond pour entamer le sous-sol. On nomme *effondrement* un défoncement très profond; — 3° on nomme *labour de semaille* celui qui a pour objet de préparer les terres pour recevoir la semence; ce labour a lieu quand la terre a été convenablement pourvue de l'engrais nécessaire, et que toutes ses parties constituantes ont été parfaitement mélangées par des labours suffisants.

147. Comment procède-t-on à un labour?

Pour labourer une terre, on commence par régler la charrue, c'est-à-dire qu'on dispose le *régulateur* (166) pour que le *soc* prenne la largeur et la profondeur déterminées; on veille à ce que les mouvements des animaux ne soient point brusques. L'exécution d'un labour diffère suivant la charrue dont on fait usage.

148. Quels sont les *principaux points* à remarquer dans un labour à la charrue?

Dans un labour à la charrue, il faut remarquer : 1° la profondeur et la largeur des raies, — 2° le retournement des bandes, — 3° la rectitude du sillon.

VINGT-QUATRIÈME LEÇON

ASSOLEMENT. — SUPPRESSION DES JACHÈRES

149. Qu'entend-on par *assolement?*

On entend par *assolement* l'art de préparer les terres, de les choisir et d'établir avec méthode la succession des cultures sur les différentes soles d'une ferme dans un ordre quelconque, pour que les récoltes prennent le moins au sol tout en donnant un produit net et élevé.

150. Qu'appelle-t-on *rotation* en agriculture?

La *rotation* est le nombre d'années qui doit s'écouler avant que la même plante revienne sur la même sole.

151. Qu'est-ce qu'une *sole?*

On appelle *sole* les parties égales ou lots qui correspondent au nombre d'années de la rotation.

Ainsi, supposons une terre ayant la forme du rectangle ABDC.

A				B
Pommes de terre	Féveroles	Trèfle	Blé	Avoine
C				D

Si la rotation est de cinq années, la première année donnera une récolte de *pommes de terre*, de *féveroles*, de *trèfles*, de *blé* et d'*avoine*; dans la deuxième année, on aura exactement la même récolte, mais chaque espèce de produit proviendra d'une sole différente. Il devra en être de même dans les trois dernières années. Enfin, à la sixième année, tout reviendra dans l'ordre de la première année.

On ne fera pas succéder de suite deux plantes épuisantes ou salissantes; mais une plante épuisante sera suivie d'une plante améliorante ou nettoyante, et on pourra établir un assolement de manière à obtenir un partage égal de plantes épuisantes et de plantes améliorantes dans les soles.

152. Qu'appelle-t-on *jachère?*

On appelle *jachère* le repos que l'on accorde à la terre en la laissant improductive pendant un an, et en lui donnant plusieurs labours pour la débarrasser des mauvaises herbes.

153. Quelle différence y a-t-il entre la *jachère* et la *friche?*

La *jachère* est une terre abandonnée à elle-même, qui reçoit plusieurs labours et quelquefois de l'engrais. La *friche* est une terre complètement en repos, et qui ne reçoit ni labours ni engrais.

154. Les jachères sont-elles rigoureusement nécessaires en agriculture ?

Les jachères ne sont pas dans la nature; on n'a jamais vu un terrain se dépouiller de toute végétation pour se reposer ; or, comme chaque sorte de plantes cultivées enlève au sol certains éléments spéciaux, si l'on introduit ces éléments au moyen d'engrais convenables, on peut compenser les pertes éprouvées par la terre cultivée.

155. Dans quels cas exceptionnels les jachères peuvent-elles être utiles?

Les jachères peuvent être utiles lorsqu'une terre est infestée de mauvaises herbes qui ne cèdent qu'à des labours profonds et à des hersages réitérés, ou quand, malgré les amendements et tous les moyens ordinaires d'améliorer le sol, les plantes perdent plusieurs de leurs qualités essentielles qu'on ne peut attribuer à la semence. Cependant, il est à remarquer que, dans le plus grand nombre des cas où la terre est malpropre, les plantes sarclées peuvent suffire pour purifier cette terre.

VINGT-CINQUIÈME LEÇON

VOIRIE. — AVANTAGES DES VOIES DE COMMUNICATION

156. Qu'entend-on ordinairement par *voirie?*

On entend par *voirie* la partie de l'administration qui s'occupe des différentes voies de communication, c'est-à-dire des *chemins* et des *rues*.

157. Quelles sont les voies les plus utiles au commerce et à l'agriculture ?

Les voies les plus utiles au commerce et à l'agriculture sont : 1° les *chemins de fer*, les *routes nationales* et *départementales*, qui unissent les villes entre elles, — 2° les *chemins vicinaux* de grande et de petite communication, et les *chemins communaux*, qui conduisent aux diverses parties du territoire d'une commune, — 3° enfin les *chemins d'exploitation*, servant particulièrement aux besoins de l'agriculture.

158. Comment doivent-être entretenues les différentes voies de communication ?

Les différentes voies de communication doivent être tenues en bon état (1), afin que tous les transports puissent être effectués avec facilité, promptitude et sûreté, tout en épargnant la fatigue aux animaux.

159. Quels avantages particuliers offrent à l'agriculture les bonnes voies de communication ?

Les bonnes voies de communication accélèrent le travail

---

(1) Lorsque les chemins d'exploitation sont bien établis, on peut en confier l'entretien au garde-champêtre dans chaque commune. Celui-ci veille, moyennant une légère rétribution, à ce qu'ils soient toujours en bon état, et en répare les petites dégradations au fur et à mesure qu'elles se font apercevoir.

En conséquence, il nettoie les rigoles et fossés, et tient la surface du chemin suffisamment bombée pour assurer l'écoulement des eaux de pluie, qui ne doivent pas séjourner sur le chemin. Pendant l'hiver, il fait une provision de pierres cassées de la grosseur d'un œuf, pour les employer en temps utile. Avant de recharger de pierres ou de remplir les creux, il enlève la boue, s'il y en a ; s'il fait sec, il a soin de piquer préalablement, à la pioche, la surface des endroits à recharger, afin que les nouveaux matériaux se lient mieux avec les anciens. Les places rechargées ne doivent point faire de saillie. (LAGRUE.)

dans la rentrée des récoltes, ménagent les voitures, et facilitent toute espèce de relations d'une commune à l'autre. Quant aux chemins d'exploitation, il serait très utile que chaque pièce de terre vînt y aboutir.

OBSERVATION

Ce qui est relatif aux *instruments aratoires* peut former *six leçons* : ainsi, la vingt-sixième leçon, n° 160; la vingt-septième, n° 161; la vingt-huitième, n° 162; la vingt-neuvième, n° 163; la trentième, n° 164; la trente-unième; n° 165.

VINGT-SIXIEME LEÇON

INSTRUMENTS ARATOIRES ; — EMPLOI, — UTILITÉ

160. Quels sont les *instruments perfectionnés* employés en agriculture ?

Les *instruments perfectionnés* employés en agriculture sont de deux sortes : 1° ceux dont l'homme fait usage en particulier et qu'il fait mouvoir par la force de ses bras, — 2° les instruments employés simultanément par l'homme et les animaux.

161. Nommez les *instruments* employés par l'homme en particulier, et faites-en connaître les *usages*.

Les instruments employés par l'homme en particulier sont: 1° la *bêche*, qui est une large pelle en fer, à l'aide de laquelle on coupe la terre par tranches, — 2° la *pioche à pointe*, *à marteau* ou *à taillant*, qui sert pour défricher les terrains pierreux et pour arracher des racines, — 3° la *houe* et le *hoyau*, en usage pour faire des labours peu profonds, — 4° la *binette*, qui est l'instrument dont on se sert pour remuer légèrement la terre qu'on a déjà travaillée, — 5° le *sarcloir*, employé pour enlever les mauvaises herbes d'un terrain ou trancher leurs racines.

162. Quels sont les *instruments* employés simulta_
nément par l'homme et par les animaux?

Les instruments employés simultanément par l'homme et
par les animaux sont: 1° la *charrue*, — 2° l'*extirpateur*, —
3° le *scarificateur*, — 4° la *herse*, — 5° le *rouleau*, — 6° le
rayonneur, — 7° la *houe à cheval*, — 8° le *battoir à versoirs
mobiles*.

163. Qu'est-ce qu'une *charrue*?

Une *charrue* est un instrument qui sert pour exécuter les
labours : son action consiste à *couper, diviser, retourner* et
ameublir la terre.

164. En quoi consiste une *bonne charrue?*

Une *bonne charrue* consiste en un instrument qui coupe,
divise, retourne et ameublit une terre avec le moins de force
de traction et avec le moins d'effort de la part de l'homme
qui la dirige. Cette charrue doit donner des sillons coupés
avec netteté et d'une profondeur régulière.

165. Quelles sont les *principales charrues* utilisées
dans la culture des terres?

Les charrues employées dans la culture des terres sont de
deux sortes : on distingue les *charrues simples* ou *sans avant-
train*, nommées *araires*, et les *charrues composées* ou *charrues à avant-train*. Chacune de ces charrues se compose de
parties *actives* ou nécessaires, et de parties *passives* ou celles
dont on peut se passer.

166. Décrivez la *charrue sans avant-train* et l'*utilité
des parties qui la composent.*

La *charrue sans avant-train* (fig. 1) a été perfectionnée par
Dombasle ; elle se compose : 1° du *soc S*, destiné à couper la
terre par bandes horizontales (1), — 2° du *versoir V*, placé à

---

(1) Nous nous dispensons, dans ces premiers éléments, de donner plus de développements sur les diverses formes des parties
qui constituent une charrue. L'élève pourra avoir l'idée de l'usage
de chaque partie, dans l'inspection de l'instrument qui lui appren-
dra suffisamment ce que nous omettons ici faute d'espace.

droite ou à gauche de la charrue ; cette partie est destinée à retourner la terre détachée par le *soc* et le *coutre*, — 3° du *coutre* C, qui est une espèce de couteau droit ou courbé placé

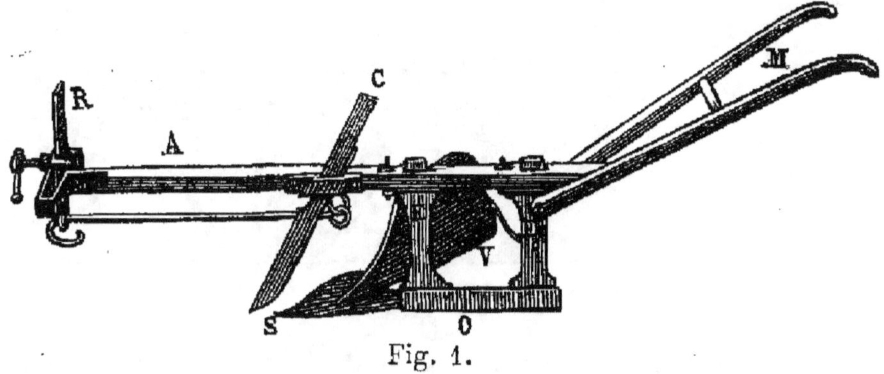

Fig. 1.

dans une mortaise pratiquée dans la flèche en avant du soc, le coutre sert à couper la bande de terre dans un sens vertical, — 4° le *cep* O, ou la partie qui forme la base de la charrue ; c'est une pièce de bois ou de fonte qui reçoit le soc à sa partie antérieure, — 5° les *étançons* E, E, ou montants, sont des ceps de bois qui rattachent le cep à l'âge, — 6° les *mancherons* M sont les pièces de bois courbées adaptées par leur partie inférieure à l'un des étançons et par leur partie moyenne à l'âge, — 7° l'*âge* ou la *flèche* A, est une longue pièce de bois garnie de fer ; elle est destinée à transmettre le mouvement de l'attelage au corps de la charrue, — 8° le *régulateur* R est une partie de la charrue qui sert à déterminer la profondeur et la largeur de la raie. C'est une espèce de crémaillère horizontale que l'on remonte ou que l'on baisse à l'extrémité antérieure de l'âge.

Comme la charrue sans avant-train n'a pas de roues, on la transporte dans les champs à l'aide d'un bâti en bois nommé *traîneau*.

167. Décrivez la *charrue à avant-train*.

La *charrue à avant-train* (fig. 2) se compose essentiellement des mêmes parties que la charrue sans avant-train ; elle

3.

différe de la précédente par l'*avant-train* AT, qui comprend

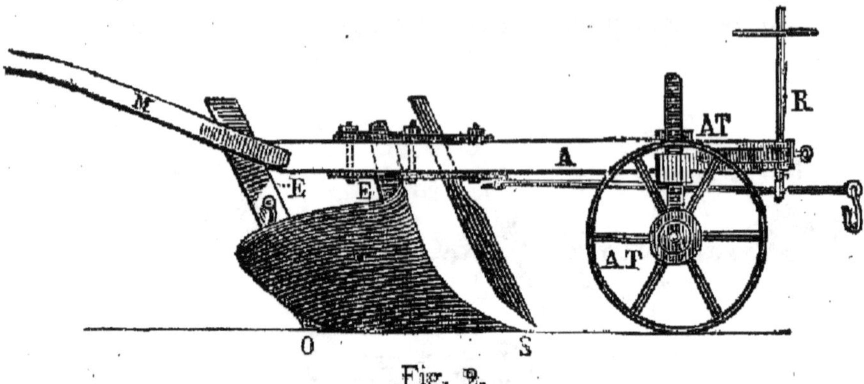

Fig. 2.

les deux *roues*, le *montant*, la *sellette*, le *têtard* ou *limonier*, et l'*épart*. Cette charrue a été perfectionnée par Rozé.

168. Les deux charrues Dombasle et Rozé peuvent-elles servir dans toutes les circonstances ?

Les charrues à avant-train sont les plus usitées et les plus faciles à diriger ; mais, comme il a fallu modifier le soc et le versoir suivant divers besoins, on a inventé : 1° la *charrue à tourne-oreille*, dont le versoir peut alternativement s'attacher à droite ou à gauche, — 2° la *charrue à deux versoirs mobiles*, dont l'un se baisse quand l'autre se lève.

169. Qu'est-ce que l'*extirpateur*?

L'*extirpateur* est un instrument qui vient après la charrue, pour exécuter les seconds et derniers labours, enterrer la semence, déchaumer le terrain après la récolte, enfin détruire les mauvaises herbes.

170. Décrivez l'*extirpateur* le plus généralement employé.

L'*extirpateur* de Valcourt est celui dont on fait usage. Cet instrument (fig. 3) se compose de plusieurs petits socs adaptés à des pieds très forts ; ils ont une forme triangulaire et sont plus ou moins bombés. Ces socs pénètrent dans la terre à une

profondeur de 10 à 12 centimètres, la soulèvent, la divisent et
a mélangent parfaitement.

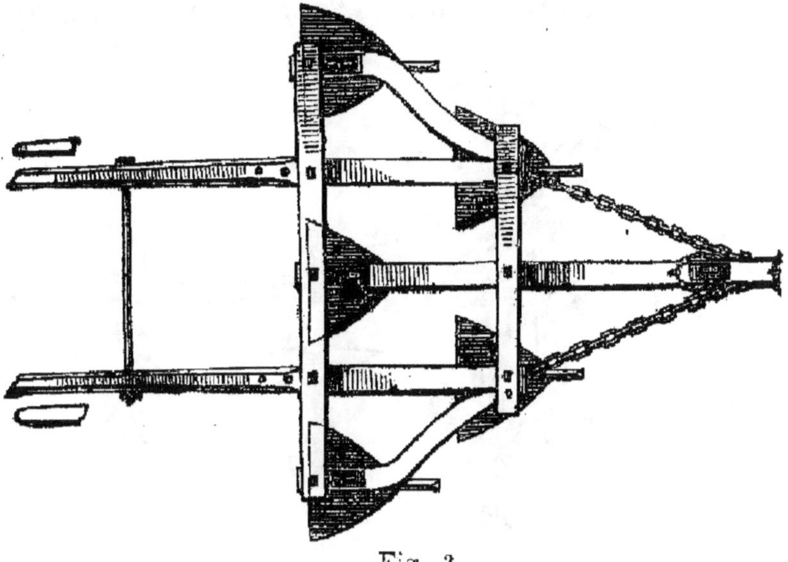

Fig. 3.

Comme dans la charrue ordinaire, on distingue dans la
charrue de Valcourt dont on voit le profil (fig. 4) *l'âge* ou

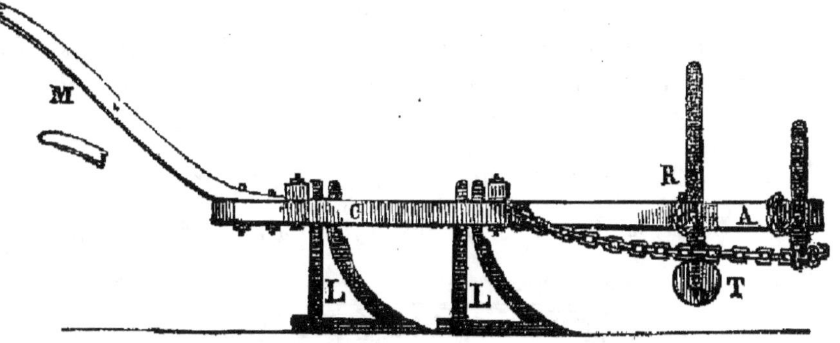

Fig. 4.

flèche A, le *mancheron* M, le *régulateur* R, et les *pieds* L, L,
qui supportent les socs.

171. Qu'est-ce que le *scarificateur*, et quel en est
l'emploi ?

Le *scarificateur* (fig. 5) est un instrument qui diffère de l'*extirpateur* en ce que les socs y sont remplacés par des coutres droits ou recourbés en avant; on l'emploie pour défricher les

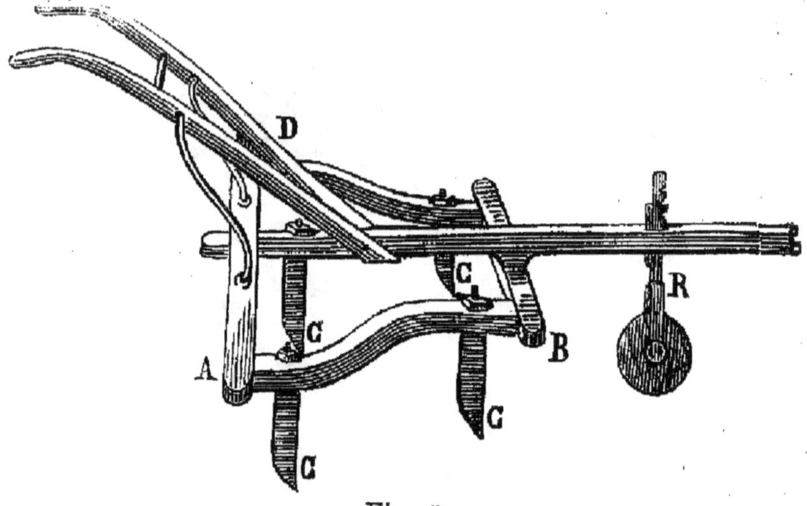

Fig. 5.

terrains qu'on doit labourer, couper les racines ou briser les mottes quand la terre est dure. A l'aide du scarificateur, on peut enterrer la semence et arracher les mauvaises herbes.

L'instrument se compose principalement: 1° d'un *châssis* ABD qui supporte cinq *coutres* C, C, C, C, C, — 2° d'un *mancheron* M, et d'une *roulette* R.

172. Qu'est-ce que la *herse*, et quel en est l'usage?

La *herse* (fig. 6) est un instrument à l'aide duquel on peut

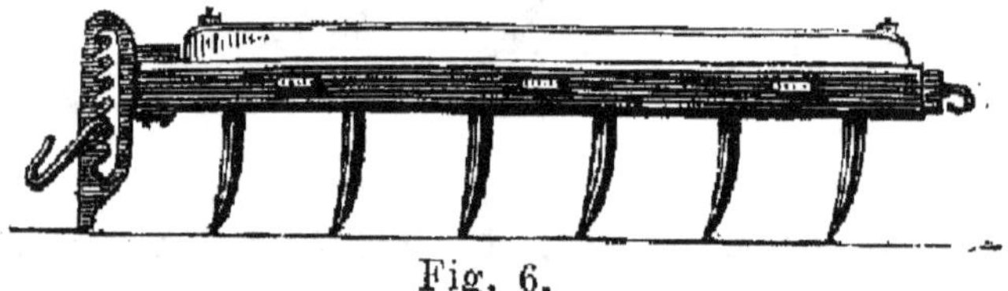

Fig. 6.

diviser les mottes de terre, arracher les mauvaises herbes et recouvrir la semence.

Les herses employées ont diverses formes ; elles sont *triangulaires*, en *losange*, etc. ; la forme n'a aucune influence dans le travail, pourvu que l'instrument ait du poids, que les dents soient disposées à égale distance les unes des autres, et que les raies soient tracées distinctement sur le terrain. Quant aux dents, elles peuvent être en bois ou en fer, suivant la nature du terrain. Les dents en bois pénètrent le terrain meuble ; les dents en fer sont indispensables dans les argiles. Les dents en fer doivent être inclinées en avant et ne pas être trop minces.

173. De quelle herse fait-on principalement usage ?

On fait principalement usage de la *herse à losange*, appelée

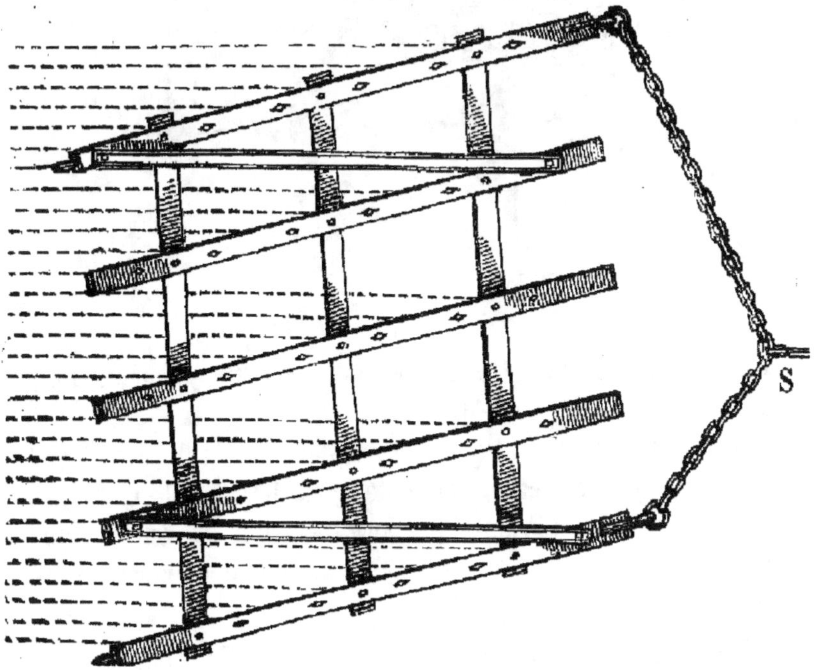

Fig. 7.

herse Valcourt ; elle fonctionne très-bien. Cette herse a une chaîne de tirage accrochée à deux angles, et pour en faire usage, on adapte la volée des chevaux non au milieu de cette chaîne, mais un peu plus du côté S de l'angle le moins saillant (fig. 7), de manière qu'en donnant de l'obliquité à la herse, les dents occupent également toute la surface du terrain.

174. Qu'est-ce que le *rouleau?*

Le *rouleau* (fig. 8) est l'instrument qui sert à briser les mottes de teres qui ont échappé à l'action de la herse, ou

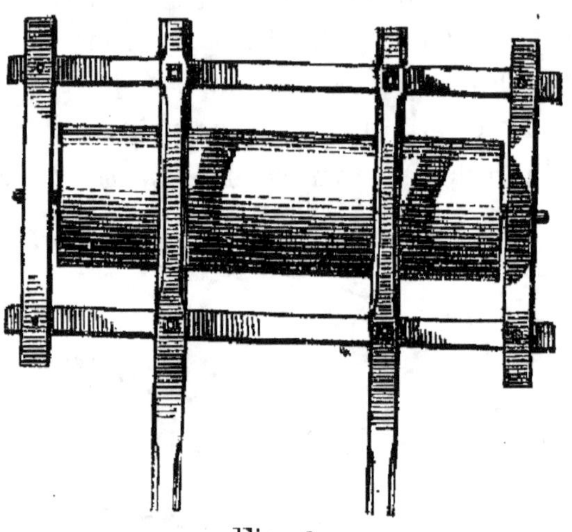

Fig. 8.

celles des terrains argileux pour les ameublir ou en égaliser la surface avant la semaille.

On fait usage du rouleau pour raffermir le sol trop mouvant ou trop léger, et on l'emploie après la semaille pour serrer la terre et empêcher l'évaporation, afin de rendre plus prompte et plus sûre la germination et d'éviter le déchaussement.

175. Quelles sont les *diverses formes des rouleaux?*

Pour égaliser le sol, on fait usage du *rouleau uni* ; quand on veut briser les mottes, on emploie les *rouleaux armés de dents.* Les rouleaux sont construits en bois, en pierre et en fonte ; plus ils sont courts et pesants, plus on obtient de résultats par leur emploi.

176. Qu'est-ce que le *rayonneur?*

Le *rayonneur* (fig. 9) est un instrument qui présente à peu près la forme de l'extirpateur ; mais, au lieu de socs, il porte

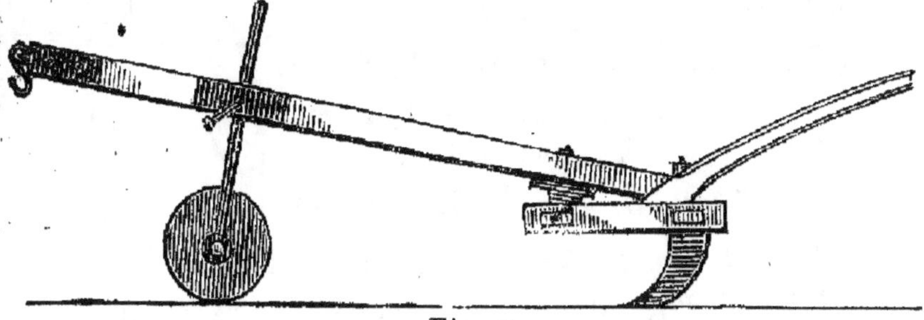

Fig. 9.

une seule rangée de dents triangulaires qui creusent les rigoles dans lesquelles on répand la semence à l'aide du semoir.

177. Qu'est-ce que le *semoir ?*

Le *semoir* est l'instrument au moyen duquel on peut répandre la semence dans les lignes formées par le rayonneur. On en distingue de plusieurs formes ; mais le *semoir à brouette* (fig. 10) est celui qu'on emploie le plus généralement : c'est une espèce de brouette qu'on pousse devant soi dans les ri-

Fig. 10.

goles creusées par le rayonneur ; un mécanisme, mis en mouvement par la roue de la brouette, fait échapper la graine dans les rigoles.

Il existe des semoirs qui font à la fois l'office du rayonneur pour former les rigoles, du semoir pour distribuer la semence et de la herse pour la recouvrir ; ces derniers sont traînés par des animaux.

178. Qu'est-ce que la *houe à cheval?*

La *houe à cheval* est un instrument employé pour détruire les mauvaises herbes dans les plantes sarclées.

179. Décrivez la *houe à cheval* le plus communément employée.

La *houe à cheval* (fig. 11) se compose d'un âge A, auquel est adapté un cadre qui porte plusieurs pieds P, P terminés en

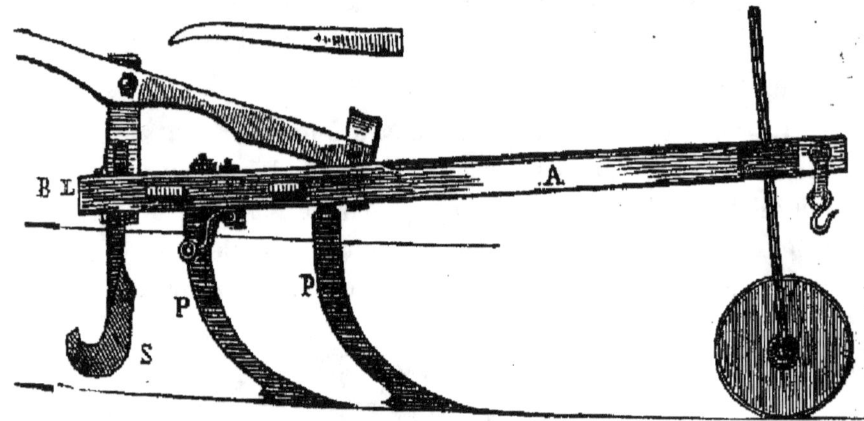

Fig. 11.

fer de lance. Les pièces latérales B, L., peuvent s'écarter plus ou moins de l'âge à l'aide d'une clavette, ce qui permet à l'instrument de fonctionner entre les lignes d'une distance de 50 centimètres à 1 mètre. Une lance S sert pour remuer la terre sans endommager les plantes.

Cet instrument a été perfectionné par **M.** Dombasle ; il est traîné par un cheval que dirige un jeune garçon, tandis qu'un homme maintient l'instrument par les mancherons.

180. Qu'est-ce que le *buttoir à versoirs mobiles?*

Le *buttoir à versoirs mobiles* sert pour le tracé des raies d'écoulement ; c'est une charrue (fig. 12) ayant deux versoirs

Fig. 12.

qui rejettent la terre de chaque côté.

181. Qu'est-ce que le *tarare ?*

Le *tarare* (fig. 12) est une machine qui remplace l'ancien

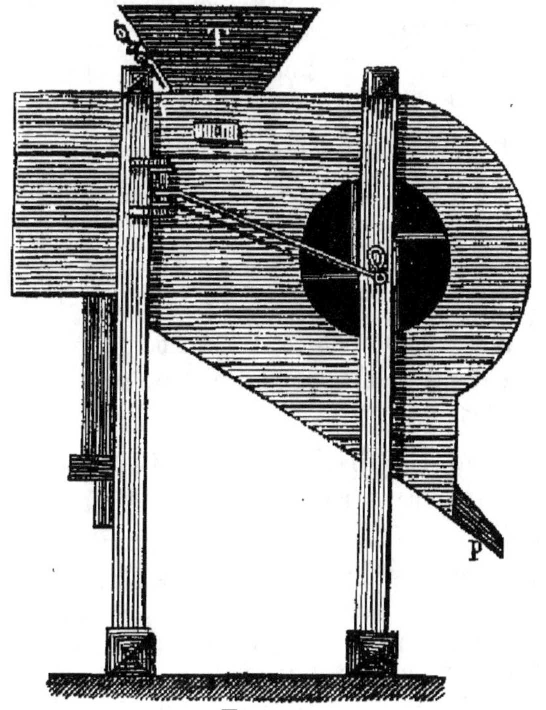

Fig. 13.

van et même le *crible*, pour nettoyer le grain de toutes le matières étrangères qui s'y mêlent, et même d'un certain nombre de grains légers ou amaigris et de semences de diverses plantes parasites.

182. De quoi est essentiellement composé le *tarare?*

Un *tarare* est formé d'un *bâti* ou corps principal de l'instrument, d'une *trémie* T, qui reçoit le grain pour le laisser couler dans un auget qui fait corps avec le fond de la trémie.

Le fond de l'auget est fermé au moyen d'une *nappe* ou passoire en fil de fer qu'on peut changer suivant l'espèce de grain à travailler.

Un ventilateur produit un courant d'air suffisant pour séparer le bon grain des matières dont on doit le débarrasser ; le grain tombe au-dessous de la passoire.

Deux personnes sont employées pour vanner le grain ou le passer dans le tarare : l'une tourne la manivelle, et l'autre est occupée à emplir la trémie, à relever les produits qui sortent en P du tarare, enfin à veiller à la régularité du travail des parties constituantes de la machine.

183. Quels sont les instruments employés pour les récoltes ?

Les instruments employés pour les récoltes sont les *faucilles* et les *faux.* Les premières servent à couper les céréales dont les grains tomberaient sous le choc de la faux, les secondes servent au même usage que les fauciles, mais elles font plus de travail.

183bis. Combien distingue-t-on de sortes de faux?

On distingue deux sortes de faux : les *faux simples,* les *faux à râteau.*

La *faux simple* est une grande lame d'acier (1) plus ou

---

(1) Le tranchant d'une faux doit être très égal ; il ne doit pas être plus dur dans un endroit que dans un autre, car il doit être trempé au degré convenable. Le choix d'une faux est une chose très importante : pour les herbes fortes, la luzerne, les gros foins, il faut que le tranchant de la faux soit court ; au contraire, ce tranchant sera long et aplati pour les herbes fines. Quand on ai-

moins large, légèrement courbée, et emmanchée au bout d'un long bâton garni d'une main en bois vers le milieu de sa longueur.

La *faux à râteau* ne diffère de la *faux simple* que par une espèce de râteau composé de baguettes ayant la même courbure que la faux. Ce râteau, qui est adapté près de la lame, à l'extrémité du manche, sert à rassembler les tiges des graminées à mesure qu'on les coupe, et à les coucher les unes à côté des autres, pour que l'ouvrier qui fait les gerbes ait moins de peine à les former.

Dans les environs de Paris, depuis plusieurs années, on fait usage de la *faux flamande*, nommée le plus souvent *sape flamande* (1).

Cet instrument est une sorte de petite faux, munie d'un manche court et presque perpendiculaire au plat de la lame ; on le tient de la main droite pour faucher, et de la gauche, à l'aide d'un *crochet*, on saisit les tiges coupées dans le premier mouvement.

184. De quelles machines fait-on usage pour transporter les récoltes ?

Pour transporter les récoltes, on emploie des *chariots*, des *charrettes*, des *tombereaux*, des *brouettes*, dont nous connaissons parfaitement la forme.

---

guise la lame d'une faux, il faut faire attention à l'usage qu'on veut en faire. Pout battre la faux et la tenir constamment en bon état, l'ouvrier faucheur doit toujours être muni d'une petite enclume qui peut être fixée en terre ; il doit également posséder un marteau à panne et à tête, et un étui ou coffin renfermant une pierre à aiguiser entourée de paille ou d'herbes mouillées.

(1) L'ouvrier coupe et fait des javelles en même temps : il doit s'exercer à bien saisir avec le crochet et à bien déposer en javelles les tiges abattues et les ramener sur son genou gauche. Au moyen de la *sape flamande*, on obtient des javelles bien faites et un ouvrage très propre, résultats qu'on ne peut avoir avec la faucille, et surtout avec la faux.

Enfin, le grain n'est pas trop secoué et les épis sont peu égrenés ; la coupe des chaumes doit être faite assez bas pour que les blés versés et mêlés puissent être abattus plus facilement.

NOUVEAU
CATÉCHISME AGRICOLE
DES

ÉCOLES PRIMAIRES RURALES

DEUXIÈME PARTIE

HORTICULTURE

TRENTE-DEUXIÈME LEÇON

PLANTES AGRICOLES

185. Qu'est-ce qu'une *plante?*

Une *plante* est un être vivant qui se nourrit, respire, se développe, se reproduit et meurt à l'endroit où il a pris naissance.

186. Quels sont les principaux *organes des plantes?*

Les *principaux organes des plantes* sont : 1° les *racines*, qui s'enfoncent en terre pour puiser les éléments nutritifs qui leur conviennent, — 2° les *tiges*, qui supportent les feuilles, les fleurs et les fruits, — 3° les *feuilles*, qui servent à la respiration des plantes, et qui élaborent les éléments nécessaires à leur accroissement, — 4° les *fleurs*, qui sont des organes de reproduction destinés à préparer les *graines* ou éléments primitifs des plantes.

187. Quelles sont les *diverses parties* dont se composent la *racine* et la *fleur* d'une plante?

Les diverses parties dont se compose la racine sont le *collet*, le *corps*, les *radicelles* ou le *chevelu*. Celles qui constituent la fleur sont les *étamines*, la *corolle*, le *calice* et le *pistil*.

188. Comment distingue-t-on entre elles les diverses *tiges* et les diverses *racines* des végétaux?

Les *tiges* qui ressemblent à celles des arbres sont appelées *troncs*; celles qui sont creuses et possèdent des nœuds de distance en distance sont nommées *chaumes*. Certains végétaux n'ont pas de tige.

On distingue les *racines tubéreuses*, qui ressemblent à la pomme de terre; les *racines fibreuses*, formées de filets ténus qui pénètrent le sol à peu de profondeur, comme la racine du blé, par exemple; les *racines bulbeuses*, qui ressemblent à l'ognon; enfin, les *racines pivotantes*, dont le plus grand nombre sont *fusiformes* (en forme de fusée), comme celles de la carotte.

189. Qu'est-ce que la *sève?*

La *sève* est un liquide plus ou moins épais dissous dans une certaine quantité d'eau, et qui contient les divers principes puisés dans le sol et dans l'air par les racines et par les feuilles des plantes.

190. Comment classe-t-on les plantes *relativement à leur durée?*

Suivant la durée des plantes, on distingue :

1° Les *plantes annuelles*, qui croissent et meurent dans la même année, après avoir produit la graine, — 2° les *plantes bisannuelles* qui se développent et meurent au bout de la seconde année, — 3° les *plantes vivaces*, dont la vie a une durée indéfinie. On peut, toutefois, remarquer qu'une *plante annuelle* devient *plante vivace* quand on s'oppose à la formation de la graine, en détachant la fleur.

191. Quelles *distinctions* peut-on encore faire entre les *plantes vivaces?*

Les *plantes vivaces* sont distinguées en *plantes vivaces ligneuses* et en *plantes vivaces herbacées*. — Les premières sont les plantes dont la tige, qui est perpétutelle, a la consistance du bois. Les arbres, les arbrisseaux sont dans ce cas. Les secondes sont celles dont la racine seule est perpétuelle ; on en voit un exemple dans l'ortie commune , dont la tige seule meurt chaque année et repousse au printemps suivant.

TRENTE-TROISIÈME LEÇON
REPRODUCTION DES VÉGÉTAUX

192. Comment les végétaux *peuvent-ils se reproduire?*

Les végétaux *se reproduisent* de diverses manières : par les racines, les tiges, les branches, et même par les feuilles ; mais la reproduction la plus naturelle est celle qui provient des graines. La reproduction par les graines se nomme *reproduction par génération;* la reproduction qui a lieu au moyen de quelques parties du végétal s'appelle *reproduction par propagation.*

193. Qu'est-ce qu'une *graine?*

On nomme *graine* la partie du fruit qui est le germe d'un végétal semblable à celui qui la produit.

194. Quelles sont les qualités d'une *bonne graine?*

Une *bonne graine* est grasse, lisse et pesante, tendue et sans odeur, coulant au fond de l'eau ; elle doit être dégagée de la graine des mauvaises herbes et être en parfaite maturité.

195. Qu'est-ce que la *germination?*

La *germination* est l'acte par lequel, dans des circonstances convenables, le germe contenu dans une graine placée dans le sol rompt ses enveloppes pour se développer et devenir une plante semblable à celle dont elle provient.

196. Quelles sont les *conditions nécessaires à la germination?*

Les *conditions nécessaires à la germination* sont la fécondation, l'eau, l'air, un degré convenable de chaleur et l'humidité.

197. Comment sème-t-on les graines?

On sème les graines de deux manières : *à la volée* ou *en lignes. L'ensemencement à la volée* se fait à la main ; il exige une grande habitude, pour que la semence soit également répartie sur toute la surface du sol. *L'ensemencement en lignes* se fait au moyen d'instruments nommés *semoirs* ; la graine tombe dans de petites rigoles établies de distance en distance sur la surface du sol ; cet ensemencement offre un grand avantage sur le premier, en ce qu'il distribue la semence avec économie et dans les meilleures conditions pour obtenir une bonne récolte.

198. Quelle *quantité de semence* doit-on répandre dans une terre ?

La *quantité de semence* que l'on peut répandre dans une terre dépend de l'espace occupé individuellement par chaque plante, de la qualité du sol et des conditions de température au moment des semailles : l'expérience est toujours le meilleur guide à cet égard.

TRENTE-QUATRIÈME LEÇON
SUITE DU SUJET PRÉCÉDENT

199. Quelle époque est la plus favorable pour les semailles ?

L'époque des semailles varie suivant diverses conditions : faut avoir égard à l'espèce de graine qui doit être confiée au sol ainsi qu'à la saison dans laquelle se fera la récolte. En automne, on sème les plantes qui peuvent résister au froid de l'hiver ; au printemps, celles qui n'y pourraient résister.

200. Que faut-il faire après avoir ensemencé un champ ?

Lorsqu'on a ensemencé un champ à la volée, on enterre la semence à l'aide de la charrue, de la herse ou de l'extirpateur.

Il faut avoir soin que la graine soit assez enterrée pour être à l'abri de l'action de la lumière sans être à une profondeur qui la prive du contact de l'air.

Quant aux graines semées au moyen des instruments appelés *semoirs*, elles sont à la fois semées, distribuées et recouvertes dans le sol.

201. Que doit-on faire pour compléter le travail de l'ensemencement?

Pour compléter le travail de l'ensemencement, on fait passer le rouleau sur le sol, afin de briser les mottes qui ont échappé à la herse ou à d'autres instruments, puis on établit des raies d'écoulement pour se débarrasser des eaux stagnantes.

202. Combien distingue-t-on de *mode de reproduction par propagation?*

On distingue trois modes de reproduction par propagation : 1° la *greffe,* — 2° la *bouture,* — 3° la *marcotte.*

203. Qu'appelle-t-on *greffe, bouture* et *marcotte?*

On nomme *greffe* une branche vivante enlevée à un végétal ; cette partie possède un ou plusieurs yeux. La *bouture* est une branche d'un végétal. Enfin, la *marcotte* diffère de la *bouture* en ce que la partie du végétal à reproduire n'est détachée de la plante que quand elle a émis des racines.

204. Comment reproduit-on un végétal *par greffe?*

Pour greffer un végétal, on fait usage de plusieurs méthodes : la *greffe en fente,* — la *greffe par approche,* — la *greffe en écusson ;* nous ne parlerons dans cet ouvrage que de la *greffe en fente.*

On greffe en fente en coupant le végétal à greffer à une certaine hauteur ; puis, au moyen d'un couteau, on fend la partie coupée, et l'on place la greffe, disposée en forme de coin, de manière que la partie herbacée du sujet communique avec celle de la greffe.

205. Comment reproduit-on un végétal par *bouture?*

Pour reproduire un végétal par *bouture*, on commence par détacher une branche de ce végétal ; on la place ensuite dans le sol afin de lui faire pousser des racines.

206. Comment reproduit-on un végétal par *marcotte ?*

On reproduit un végétal par *marcotte*, en couchant en terre l'une des branches de la plante à reproduire, en la fixant au sol à l'aide d'un poids ou d'un petit crochet en bois. Quand la branche possède assez de chevelu à l'endroit fixé au sol, on la sépare du végétal auquel elle tient.

TRENTE-CINQUIÈME LEÇON

SOINS A DONNER AUX PLANTES AGRICOLES

207. En quoi consistent les soins à donner aux plantes agricoles ?

Les soins à donner aux plantes agricoles consistent en opérations qui ont pour objet de favoriser leur développement ; ces diverses opérations préparent en même temps le sol pour les récoltes qui doivent suivre.

208. Combien distingue-t-on d'opérations relatives à la culture des plantes ?

On distingue cinq opérations relatives à la culture des plantes : 1° le *binage*, — 2° le *houage*, — 3° le *hersage*, — 4° le *sarclage*, — 5° le *buttage*. On considère également le *repiquage* ou la *transplantation*.

209. Qu'est-ce que le *binage ?*

Le *binage* est une opération qui consiste à ameublir la terre autour des plantes. Pour biner, on fait usage d'un instrument appelé *binette ;* l'opération du binage, qu'on renouvelle jusqu'à trois fois pendant le printemps, convient principalement aux plantes semées ou repiquées en ligne ; il convient aussi aux pommes de terre, aux vignes, aux betteraves, etc.

210. Qu'est-ce que le *houage?*

Le *houage* consiste à exécuter à la main avec une *houe*, ou avec un instrument traîné par des animaux, comme la *houe à cheval*, un travail destiné à soulever la terre et à déraciner les mauvaises plantes.

211. Qu'est-ce que le *sarclage?*

Le *sarclage* qu'il ne faut pas confondre avec le *binage*, s'exécute à l'aide d'un instrument nommé *sarcloir* (vulgairement *rasette*); cette opération a pour but de détruire à la fois les mauvaises herbes et d'ameublir la surface du sol.

212. Qu'est-ce que le *buttage?*

Le *buttage* consiste à entourer de terre le pied de certaines plantes en végétation : on *butte* les pommes de terre, les betteraves, les choux, le houblon, etc. ; pour cela, on fait usage d'une espèce de charrue nommée *buttoir*, qui passe successivement entre les lignes des plantes, rejette la terre de chaque côté, et, par suite, recouvre le pied de ces plantes.

213. Qu'appelle-t-on *repiquage* ou *transplantation?*

On appelle *repiquage* l'opération qui a pour but de planter des végétaux ayant déjà une certaine force. Ces végétaux ou *plants* ont été semés préalablement dans un carré appelé *pépinière*.

214. Quelles sont les plantes agricoles qui peuvent supporter le repiquage?

Les plantes agricoles qui peuvent supporter le repiquage sont les *betteraves*, les *choux*, les *pommes de terre* provenant de graines, etc., etc.

215. Comment doit-on procéder au repiquage ?

Pour procéder au repiquage ou transplantation des jeunes plantes, on commence par égaliser la surface du sol à l'aide du *rouleau* ou de la *herse*; puis on trace des lignes au moyen du rayonneur : il est entendu que le terrain a été convenablement fumé et labouré.

216. Combien y a-t-il de *méthodes de repiquage?*

On distingue *deux méthodes de repiquage :* — 1° le *repiquage au plantoir,* — 2° le *repiquage à la charrue.*

217. Comment *repique-t-on au plantoir?*

Pour *repiquer au plantoir,* on emploie un instrument qui permet de faire un ou plusieurs trou à la fois dans la ligne tracée à l'aide du rayonneur ; on place les *plants* successivement dans chaque trou jusqu'au collet, et l'on presse (sans trop la tasser) la terre contre les racines.

218. Comment *repique-t-on à la charrue?*

On *repique à la charrue* en plaçant les plants de distance en distance contre la bande de terre faite par la charrue (1). La charrue, en ouvrant la raie suivante, recouvre les racines ; à mesure que l'on forme des raies, il faut avoir soin de visiter les plants pour s'assurer s'ils ont trop ou trop peu de terre, afin d'y remédier aussitôt.

TRENTE-SIXIÈME LEÇON
MALADIES DES VÉGÉTAUX

219. Quelles sont les *principales maladies* auxquelles sont assujettis les végétaux?

Les *principales maladies* auxquelles sont assujettis les végétaux sont la *carie,* la *brûlure,* l'*étiolement,* l'*ergot,* le *miellat.*

220. Qu'est-ce que la *carie?*

La *carie* est la maladie qui affecte le blé : elle consiste en une poudre noirâtre qui se forme dans l'intérieur du grain; on lutte contre cette maladie au moyen du *chaulage* (2).

---

(1) L'ouvrier qui place les *plants* suit ordinairement la charrue. Il est plus avantageux de repiquer le jour même du labour, afin de profiter de la fraîcheur de la terre.

(2) Le chaulage consiste à tremper le grain dans une dissolution de chaux dans l'eau et d'un peu de sel de cuisine.

221. Qu'est-ce que la *brûlure?*

La *brûlure* provient d'une chaleur trop forte; on en préserve les végétaux en les couvrant de paillassons.

222. Qu'est-ce que l'*étiolement?*

L'*étiolement* est l'absence de saveur et de couleur dans les plantes attaquées. On provoque cette maladie dans certaines plantes, dans la salade, par exemple, que l'on noue afin que la lumière ne puisse les colorer ni en développer l'amertume.

223. Qu'est-ce que l'*ergot?*

L'*ergot* attaque plus particulièrement le seigle. Sous l'influence de cette maladie, le grain s'allonge, devient violet à l'extérieur et grisâtre à l'intérieur. On peut enlever le grain ergoté à l'aide du crible.

224. Qu'est-ce que le *miellat* ou *manne?*

Le *miellat* détermine, dans les végétaux, la formation d'une substance visqueuse qui s'échappe des feuilles de certaines plantes.

225. N'y a-t-il pas d'autres maladies qui attaquent les végétaux?

Les végétaux peuvent encore être soumis à des maladies causées par certaines plantes parasites. Ainsi, la *rouille* et le *charbon* sont déterminés par des petits champignons rouges qui se forment sur les feuilles ou dans le grain; le *gui*, la *cuscute* sont des plantes parasites qui vivent sur certains végétaux.

TRENTE-SEPTIÈME LEÇON

RÉCOLTE DES PLANTES AGRICOLES

226. Qu'appelle-t-on *récolte des plantes?*

On appelle *récolte des plantes* l'ensemble des travaux qui ont pour objet l'enlèvement et la rentrée des plantes.

227. Combien distingue-t-on d'opérations dans la récolte des plantes?

La récolte des plantes comprend six opérations : 1° la *moisson* ou *coupe des plantes*, — 2° le *desséchement des gerbes*, — 3° la *conservation des gerbes*, — 4° le *battage*, — 5° le *nettoyage*, — 6° la *conservation du grain*.

228. Comment coupe-t-on les récoltes?

Les récoltes sont coupées à différents degrés de leur développement, suivant les parties qu'on veut utiliser. On récolte en pleine maturité les plantes dont la graine doit être employée pour ensemencer la terre ; le seigle peut être coupé sans danger un peu avant sa maturité complète, ce qui donne un plus beau grain. On peut observer cette dernière règle à l'égard du froment, seulement il faudra le laisser sécher complétement sur le champ.

On coupe également l'avoine avant sa maturité ; car, sans cette précaution, une grande partie des grains se détacheraient des épis ; en général on doit toujours couper les plantes à grains avant que ces derniers soient devenus secs et durs.

229. Comment reconnaît-on la *maturité des grains?*

La *maturité des grains* se reconnaît à leur forme, à leur grosseur, à leur état particulier de fermeté, et quand, en les pressant, ils n'expriment plus un certain suc laiteux.

230. Comment dessèche-t-on les grains coupés?

Les grains coupés pour être rentrés doivent être parfaitement secs, afin de les empêcher de se moisir et de se gâter. Il ne faut pas faire les gerbes trop épaisses afin de les empêcher de conserver une humidité qui leur serait nuisible plus tard.

231. Comment *conserve-t-on* (1) *les gerbes?*

Après avoir laissé complètement sécher les gerbes, on les

---

(1) D'après les récentes instructions émanées du ministre des Travaux publics pour la conservation des récoltes (1857), et

transporte dans la grange ou on les met en *meules*. Les gerbes rentrées dans la ferme présentent plus d'avantage en exigeant moins de frais et de peines ; elles sont mieux à l'abri de la pluie que lorsqu'elles sont en meules.

232. En quoi consiste le *battage?*

Le *battage* consiste dans une opération qui a pour objet de séparer les grains des plantes conservées ; pour y parvenir, on fait usage d'un instrument appelé *fléau* ou de machines à battre ; et pour isoler le grain de la menue paille, on le soumet au van ou au tarare (181).

233. Comment conserve-t-on les grains?

Pour conserver les grains, on les étale dans un lieu sec, sur le plancher d'un grenier, et on les retourne souvent pour leur faire perdre toute l'humidité qu'ils peuvent contenir et pour les empêcher de fermenter.

TRENTE-HUITIÈME LEÇON

CULTURE SPÉCIALE DES PLANTES AGRICOLES

234. Comment divise-t-on les plantes relativement à leur utilité?

Les plantes, relativement à leur utilité, se divisent en 1° *plantes céréales*, — 2° *plantes légumineuses farineuses*, — 3° *racines alimentaires*. — 4° *plantes fourragères*, — 5° *plantes industrielles*.

235. Quels sont les moyens particuliers employés pour obtenir un *bon produit* des plantes agricoles?

Les moyens particuliers employés pour obtenir un *bon pro-*

---

adressées dans toutes les communes de France , on emploie : 1° le procédé Mathieu de Dombasle, qui consiste à mettre le blé aussitôt coupé en meulons ou moyettes, — 2° celui de Crépel , dans lequel on forme avec les javelles des faisceaux de 15 kilogrammes environ que l'on pose debout, les épis en haut. On lie les faisceaux à environ 20 centimètres de l'épi.

duit des plantes agricoles sont relatifs à la préparation de la terre, au choix du climat, aux semailles, aux soins nécessaires pendant la végétation, enfin à l'époque de la récolte.

PLANTES CÉRÉALES

236. Qu'appelle-t-on *céréales?*

On appelle *céréales* les plantes agricoles qui donnent des graines dont on retire une farine destinée à la nourriture de l'homme et des animaux. Les principales céréales cultivées en France sont le *blé*, le *seigle*, l'*orge*, l'*avoine* le *maïs* et le *sarrasin*.

TRENTE-NEUVIÈME LEÇON

BLÉ

237. Quelles sont les *principales espèces de blé?*

On distingue 1° le *froment* ou *blé* par excellence, dont le grain se détache nettement de l'épi par le battage, — 2° l'*épeautre*, qui est une espèce de froment dont le grain addère à une enveloppe nommée *balle* et ne s'en sépare que difficilement. Cette dernière espèce est semée en automne ; elle donne une farine estimée, et peut être cultivée dans de mauvais sols calcaires ou sablonneux.

238. Combien distingue-t-on d'*espèces de froment?*

Les froments se divisent en : 1° *blés tendres*,—2° *blés durs*.

Le *blé tendre* ou *blanc* a une cassure farineuse ; il est estimé par les boulangers, car il donne une farine avec laquelle on fait un pain blanc et léger.

Le *blé dur* a une cassure nette ; l'intérieur est dur et ressemble à de la corne ; il se conserve plus longtemps que le blé tendre, et il donne une farine avec laquelle on fait un pain moins blanc que le précédent, mais plus nourrissant, plus savoureux et qui durcit moins vite.

289. Quels sont les *caractères du meilleur blé?*

Le blé d'une qualité supérieure est séc, dur, pesant, ramassé, bien nourri, plus rond qu'ovale, peu profond dans sa rainure, lisse, d'un jaune clair à sa surface et d'un blanc jaunâtre dans son intérieur. Il sonne quand on le fait sauter dans la main, et il cède aisément quand on introduit le bras dans le sac qui le renferme.

240. Nommez les *terres* qui conviennent au froment.

Les terres qui conviennent au froment sont les *terres franches* et *argito-sablonneuses.* Le froment vient également bien dans toutes les terres des climats tempérés, pourvu qu'elles soient convenablement amendées et couvertes d'engrais. Dans les terrains humides, l'écorce de la graine est plus épaisse ; au contraire, dans les terrains chauds, la graine contient plus de farine, et la paille est moins longue.

QUARANTIÈME LEÇON

SUITE DU SUJET PRÉCÉDENT

241. Que doit-on encore observer dans ce qui est relatif au sol dans la culture du froment?

Le froment n'exige pas beaucoup de profondeur du sol ; ce dernier doit être propre et ameubli jusqu'à une profondeur de quinze à dix-huit centimètres ; c'est pour cette raison que dans les assolements, la culture du froment vient après les plantes sarclées, telles que le colza, la navette, ou après les plantes qui, comme le trèfle, étouffent les mauvaises herbes en couvrant le sol de leurs feuilles. Le froment vient bien dans les terrains amendés avec de la chaux ou des cendres : les épis y sont plus pleins et mieux nourris, et les grains d'une meilleure qualité.

242. Quelles *précautions spéciales* doit-on observer dans les semailles du froment?

On doit d'abord cribler la semence avec soin, et même la débarrasser du mauvais grain par tous les moyens possibles : on chaule ensuite, afin de nettoyer le grain de la poussière qui peut produire la carie et le charbon.

243. A quelle époque sème-t-on le *froment ?*

On distingue les froments en *hivernaux* et en *printaniers* ; les premiers sont semés en septembre et en octobre, et passen l'hiver en terre ; les seconds sont confiés à la terre dans le mois de mars et à l'entrée du printemps.

244. Comment récolte-t-on le *froment ?*

L'expérience indique qu'il ne faut pas attendre la parfaite maturité du froment pour le récolter ; on profite du moment où le grain est dur comme de la cire et où la paille est jaune. Quant au grain destiné pour les semences, il faut que la maturité soit complète.

245. Distingue-t-on plusieurs espèces d'*épeautres ?*

On distingue l'*épeautre d'été* et l'*épeautre d'hiver*. Les diverses variétés d'épeautres sont faciles à reconnaître par la couleur de la balle, qui est blanche, jaune, panachée, rouge et même noire dans toutes les nuances. Enfin, on sème l'épeautre *avec sa balle* ou quand il est *mondé* ; dans le premier cas, il en faut une plus grande quantité.

QUARANTE-UNIÈME LEÇON
SEIGLE

246. Combien distingue-t-on d'espèces de *seigles ?*

On ne considère qu'une seule espèce de seigle, que l'on cultive comme *seigle d'été* et *seigle d'hiver* ; cependant, on pourrait distinguer certaines variétés de seigle qui sont différenciées entre elles par la longueur de la paille, par celle de l'épi, par la grosseur du grain et par d'autres caractères ; mais ces points distintifs se perdent dans la culture.

Dans certains endroits, on considère le *seigle commun d'automne* et celui du *printemps*, le *seigle de la Saint-Jean* (1) nommé *multicaule*, enfin le *seigle de mars à grande paille*.

247. Quels sont les *terrains* qui conviennent au seigle?

Le seigle réussit dans les sols sablonneux, sablo-argileux ou calcaires, pourvu qu'ils soient exempts de toute humidité à l'état de stagnation. Il verse et produit peu dans les sols forts et compactes.

248. Qu'est-ce que le *méteil?*

On donne le nom de *méteil* à la récolte en grain qui provient d'un mélange de froment et de seigle, dans la proportion d'un tiers du premier et de deux tiers du second.

Ce mélange réussit mieux que le froment seul ou le seigle seul surtout dans les terrains légers.

249. Comment fait-on la *semaille* et la *récolte* du seigle?

La semaille et la récolte du seigle se font comme celles du froment, mais un peu plus tôt. On reconnaît que le seigle est mûr quand la paille blanchit, et que les nœuds ont complétement perdu la couleur verte.

QUARANTE-DEUXIÈME LEÇON

ORGE

250. Combien distingue-t-on d'*espèces d'orges?*

On compte généralement six espèces d'orges : 1° *l'orge d'hiver,* appelée *orge carrée* ou *escourgeon,* — 2° *l'orge du printemps à deux rangs,* — 3° *l'orge nue* ou *orge céleste,* — 4° *l'orge à six rangs.*

---

(1) Ce nom est donné à une variété de céréales, parce qu'on la sème à l'époque de la Saint-Jean; elle peut donner une coupe de fourrage avant l'hiver et une autre au printemps.

251. Quels sont les *caractères* des espèces d'orges les plus cultivées ?

L'*orge d'hiver* est la céréale qui donne le plus haut produit et le plus beau grain ; — les *orges du printemps* les plus cultivées sont celles *à deux rangs* ; elles donnent de bons produits, et leur paille est forte ; — l'*orge nue* est très-productive, et les brasseurs la recherchent ; mais, comme les grains ne sont pas protégés par les balles, la moindre pluie leur donne une teinte brune qui leur fait perdre de la valeur sur les marchés ; — l'*orge à six rangs* produit plus que les autres espèces, mais son grain est d'une qualité inférieure, et sa paille est dure ; cette céréale est des deux saisons.

252. Nommez les *terrains* qui conviennent à l'orge ?

L'orge croît bien dans les terrains qui ne sont pas complètement stériles ou trop marécageux ; cette céréale préfère toutefois les sols qui sont à la fois chauds, légers et d'une bonne qualité.

253. Comment fait-on la *semaille* de l'orge ?

L'orge d'hiver demande à être semée de très bonne-heure, dès la fin du mois d'août, afin qu'elle puisse taller avant l'hiver et résister aux grands froids. Quant à l'orge de printemps, il faut attendre que les gelées soient tout à fait passées et semer par un temps sec, sur un sol presque réduit en poussière, et qui, l'année précédente, ait porté une récolte sarclée.

254. Comment fait-on la *récolte* de l'orge ?

La récolte de l'orge avant la complète maturité du grain fait perdre à ce dernier sa belle couleur, quand on est forcé de laisser les bottes en javelle. On fauche le matin et le soir, pendant les heures fraîches, afin d'éviter que l'épi ne se casse. Il existe cependant une orge commune qui doit être récoltée comme le seigle, à cause de la facilité avec laquelle l'épi mûr peut se détacher de la tige.

QUARANTE-TROISIEME LEÇON

AVOINE

255. Qu'est-ce que l'*avoine?*

L'*avoine* est une céréale dont la culture est la plus répandue en France ; elle sert presque exclusivement à la nourriture des chevaux, et la paille est donnée comme nourriture aux vaches et aux bœufs de travail.

256. Combien distingue-t-on d'espèces *d'avoines?*

On distingue l'*avoine d'hiver* et l'*avoine de printemps*. Il existe un grand nombre de variétés d'avoines d'hiver et de printemps ; on doit choisir de préférence celles dont les grains sont pleins et bien nourris.

257. Quel *climat* et quel *sol* conviennent à la *culture de l'avoine?*

L'avoine se plaît mieux dans les pays froids que dans les pays chauds ; cependant, cette céréale craint les grands froids et les alternatives de gelée et de dégel : c'est pour cette raison qu'il n'est pas possible de faire partout des avoines d'hiver. Quant aux sols, on observe que l'avoine se plaît dans tous les terrains, pourvu qu'ils soient assez humides ; les marais desséchés et les terres nouvellement défrichées lui sont très convenables.

258. Comment fait-on la *semaille de l'avoine?*

L'avoine doit être semée de bonne heure, en février ou en mars, soit en lignes, soit à la volée, dans la proportion de 3 à 4 hectolitres par hectare, suivant la qualité de la terre.

Dans les assolements, cette céréale vient après les récoltes sarclées, telles que pommes de terre, féveroles ou betteraves, et mieux encore dans une terre nouvellement défrichée (terre novale).

259. Comment fait-on la *récolte de l'avoine*, et quel est le *rendement* de cette céréale?

Afin de ne pas perdre les meilleurs grains, on ne doit pas attendre trop longtemps pour faire la récolte de l'avoine, et cette céréale est moissonnée après le blé; quand elle est longue, on doit faucher en dedans; si elle est courte, on fauche en dehors, comme pour les fourrages.

Le rendement de l'avoine doit aller de 45 à 70 hectolitres par hectare, et l'hectolitre doit peser, en moyenne, de 45 à 50 kilogr., et donner de 65 à 70 kilogr. de paille.

QUARANTE-QUATRIÈME LEÇON
MAÏS

260. Qu'est-ce que le *maïs?*

Le *maïs*, nommé improprement *blé de Turquie* (1), est une belle plante, forte et vigoureuse, surmontée de fleurs en panicule, portant un, deux et même trois épis armés d'une barbe soyeuse, dont chaque grain est adapté à une gaine de l'épi.

261. Combien distingue-t-on d'*espèces* de maïs?

On distingue le *maïs gros jaune*, le *maïs rouge*, les *maïs quarantaine* et *à poulet* : ces derniers sont très hâtifs et convenables dans le nord de la France. Il existe encore une espèce de maïs nommé *maïs de Pensylvanie*, dont la tige a jusqu'à douze et même quatorze épis.

262. Quels sont les *climats* et les *sols* qui conviennent au maïs?

Le maïs peut être cultivé avec sécurité dans toutes les contrées où la vigne mûrit, en observant qu'il demande une terre

---

(1) Cette céréale est originaire de l'Amérique méridionale; on la cultive en Asie, en Afrique, ainsi que dans plusieurs parties de l'Europe.

compacte dans les pays chauds, tandis que dans les pays froids il lui faut une terre légère. Il se plaît dans les terrains frais, bien fumés et nettoyés par plusieurs labours, à moins qu'ils n'aient porté l'année précédente une récolte sarclée.

263. Comment fait-on la *semaille du maïs?*

C'est le climat qui détermine l'époque des semailles du maïs ; on y procède dès que les gelées ne sont plus à craindre, et la semence doit être choisie parmi les grains de la récolte précédente. On doit toujours semer le maïs en lignes à l'aide du rayonneur (1) : on peut semer au plantoir; dans ce cas, si le champ n'a pas été fumé, on met une poignée d'engrais au fond de chaque trou.

264. Quels *soins* exige le maïs pendant sa maturation?

Lorsque les tiges du maïs ont atteint une hauteur de 9 à 10 centimètres, on bine à la main, et l'on arrache les tiges trop rapprochées et celles qui promettent peu; les premières peuvent être replacées dans les espaces vides, et les secondes sont employées comme fourrage.

Quand la plante s'élève à 30 centimètres environ de hauteur, on butte pour la première fois, et l'on butte également quelque temps avant que cette céréale ne soit en fleurs (2); il faut s'attacher à bien chausser le pied de la plante.

265. Comment fait-on la *récolte* du maïs?

On récolte le maïs lorsque le grain est dur et que l'enve-

---

(1) Celui qui précède la charrue place de distance en distance, sur le versant du sillon, deux ou trois grains qu'on enterre à l'aide de cet instrument. Le grain doit être mis à 3 centimètres de profondeur dans les terres fortes, et à 4 centimètres dans les terres légères. On laisse deux sillons vides entre chaque rangée, excepté lorsqu'on sème le maïs pour fourrage; dans ce cas, on sème dans tous les sillons.

(2) Quelque temps après la fécondation de l'épi, on est dans l'usage de couper les épis mâles qui garnissent le sommet du maïs et de les donner comme fourrages verts; il ne faut pratiquer cette opération que lorsque cette fécondation a eu lieu.

loppe est presque sèche. Les épis étant détachés de la tige, on les laisse pendant quelque temps exposés à l'air avant de les battre, afin que le pédoncule qui porte les grains ait le temps de sécher pour que ces derniers puissent se détacher sans peine de leurs alvéoles.

QUARANTE-CINQUIÈME LEÇON
SARRASIN

266. Qu'est-ce que le *sarrasin ?*

Le *sarrasin*, nommé *blé noir*, *bucaille*, *bouquette*, etc., est une plante dont la tige est rameuse et rouge, et les feuilles en cœur, les fleurs roses ou blanches et les graines triangulaires et noires.

267. Combien distingue-t-on d'*espèces* de sarrasin ?

On cultive deux espèces de sarrasins : le *sarrasin ordinaire* et le *sarrasin de Tartarie* ou de *Sibérie*. Le premier forme la principale ressource des habitants qui cultivent les mauvais sols ; le second craint moins le froid ; il est plus précoce que le premier, mais sa farine est moins bonne.

268. Quels sont les *climats* et les *sols* qui conviennent au sarrasin ?

Le sarrasin craint les plus petites gelées ; on ne le sème ordinairement que vers la fin du mois de mai ou au commencement de juin ; il arrive à une maturité complète dans l'espace de quatre-vingt-dix jours environ. Quant au sol qui lui est propre, il vient bien dans les terrains trop maigres pour toutes les autres espèces de grains d'été ou de printemps ; il croît dans les terrains sablonneux, arides, pourvu que la sécheresse ne se fasse pas sentir au moment de la germination.

269. Comment fait-on la *récolte du sarrasin ?*

On récolte le sarrasin dès que la plupart des   ines sont

devenues noires; on le coupe ou on l'arrache, puis on dresse les javelles les unes contre les autres afin de hâter la dessication de cette plante, et on le rentre enfin comme l'orge.

PLANTES LÉGUMINEUSES FARINEUSES

270. Qu'appelle-t-on *légumineuses farineuses?*

On appelle *légumineuses farineuses* les plantes agricoles qui ne sont pas, comme les céréales, destinées à être réduites en farine propre à faire le pain, mais qui fournissent à l'homme et aux animaux des aliments sains, nourrissants, et dont la paille est un bon fourrage. Les *principales légumineuses farineuses* cultivées en France, sont les *fèves*, les *haricots*, les *lentilles*.

QUARANTE-SIXIÈME LEÇON

FEVES

271. Nommez les *espèces principales* de *fèves?*

Il existe deux espèces principales de fèves : la *fève de marais*, que l'on cultive particulièrement dans les jardins potagers et maraîchers, — la *fève gourgane*, nommée aussi *fève de cheval* et *féverole* : cette espèce vient mieux et produit plus que la précédente; elle offre de précieux avantages à celui qui la cultive.

272. Quels sont les *terrains* qui conviennent aux fèves et aux féveroles?

Les fèves et les féveroles demandent une terre substantielle, amendée et bien divisée, surtout si une céréale doit succéder à cette culture. On sème au commencement du mois de mars et même en février.

273. Comment *sème-t-on* les fèves?

Après un ou deux labours, on sème les fèves soit à la volée quand on veut du fourrage, soit en lignes lorsqu'on a en vue la graine. La seconde méthode est préférable, parce qu'elle permet les binages.

274. Quels soins exige la *culture* des fèves?

Quand les fèves sont levées, on les herse, et plus tard on les sarcle; on les bine ensuite quand elles sont plantées en lignes. Pour que les graines se développent plus vite et qu'elles soient mieux nourries, on est dans l'usage de couper le sommet des tiges au moment de la floraison (1).

275. Comment fait-on la *récolte des fèves?*

Lorsque les fèves sont en maturité, ce que l'on reconnaît au moment où les cosses inférieures commencent à noircir, on les arrache, et on les place ensuite debout pour laisser achever leur maturation.

La féverole pour fourrage se récolte quelque temps avant la féverole pour grain, afin de pouvoir être donnée comme fourrage.

QUARANTE-SEPTIÈME LEÇON

HARICOTS

276. Combien distingue-t-on d'*espéces de haricots?*

Il existe une grande variété de haricots : on les distingue en *haricots nains*, qui se supportent eux-mêmes, et en *haricots à rames*, qu'il est nécessaire de maintenir à cause de la longueur de leurs tiges. Chacune de ces variétés contient des haricots blancs et des haricots colorés.

277. Quels sont les *terrains* qui conviennent aux haricots?

Les haricots exigent une terre moins compacte que les fèves; il faut qu'elle soit substantielle et fraîche. Les terres sablon-

---

(1) Cette opération se nomme *pinçage* ou *pincement* : elle a pour but d'accumuler la sève dans la partie inférieure de la plante.

neuses sont trop sèches, et les terres argileuses trop froides, souvent aussi trop humides.

278. Comment *sème-t-on* les haricots?

On prend pour les semis les haricots dont le grain est le plus gros et le mieux conformé; on peut, si l'on a eu soin de les conserver dans les cosses et très sainement, faire usage de ceux qui ont deux ou trois ans.

Les haricots sont semés en *rayons*, ce qui permet de les sarcler et de les biner avec facilité. On sème également les haricots en *augets*, c'est-à-dire qu'on dépose les graines dans de petites fosses creusées à la bêche ou à la pioche, et alignées dans le sens de la longueur et de la largeur de la pièce. On place dans chacune d'elles six à sept grains que l'on recouvre avec de la terre mélangée de fumier et de paille pour conserver au sol une légère humidité.

279. Que doit-on encore observer dans la semaille des haricots?

Pour semer les haricots, on attend l'époque où l'on n'a plus à redouter les gelées; si la température est douce, ils lèveront promptement. Quand la plante ne sort pas de terre et que la pluie a durci le sol, on donne un léger coup de herse.

280. Comment fait-on la *récolte* des haricots?

Lorsque les dernières gousses de haricots jaunissent et que les grains sont durs et luisants, on arrache les tiges en petites bottes; on garde dans leurs cosses les grains que l'on destine pour la semence; on bat le reste avec de petites branches pour ne pas écraser le grain, ou l'on égrène à la main.

QUARANTE-HUITIÈME LEÇON

POIS

281. Combien distingue-t-on de *variétés de pois?*

Parmi les grandes variétés de pois qui existent, on distingue : — 1° les *pois à cosse*, dont on ne mange que le grain, — 2° les *pois sans parchemin* ou *pois mange-tout*, — 3° les *pois gris* ou *bisaille*, qui servent pour la nourriture des animaux : on les cultive dans les jardins ou dans les champs; ils exigent la même culture.

282. Quels sont les *terrains* qui conviennent aux pois?

Les pois ne peuvent revenir sur le même terrain que tous les quatre ans; il est bon d'éviter le voisinage d'autres légumineuses. Ils aiment un terrain profond et bien ameubli, sans être trop léger. Comme les pois exigent un sol fertile et redoutent un fumier frais, on les sème à la suite d'une récolte sarclée, ou mieux à la suite du froment ou de l'orge dans un terrain préalablement planté de pommes de terre.

283. Comment *sème-t-on* les pois?

Les pois doivent être semés au printemps de très bonne heure. On sème cette plante de deux façons : à la charrue ou à la herse. La première manière ne convient pas aux jardins; on s'en tient à la houe; c'est d'ailleurs la meilleure méthode parce qu'elle ameublit la terre. Quant aux *pois gris*, on les sème à la volée et un peu dru, afin qu'en couvrant le sol ils puissent étouffer les mauvaises herbes.

Cette plante ne reçoit ordinairement pas de sarclage ni de binage; dans les jardins, on a soin de butter les pieds pour leur faire conserver la fraîcheur de la terre.

284. Comment fait-on la *récolte* des pois?

Il ne faut pas attendre que le grain soit tout à fait sec pour récolter les pois; dès que la cosse jaunit, si le temps est beau, on coupe ou l'on arrache la plante; on la rentre pour la battre, soit avec le fléau, soit avec des gaules; cette opération n'a lieu que quand la dessication des cosses est complète.

QUARANTE-NEUVIÈME LEÇON

LENTILLES

285. Combien distingue-t-on d'*espèces de lentilles?*

On distingue trois espèces de lentilles : 1° la *grande lentille*, — 2° la *petite lentille*, — 3° la *lentille à une fleur*, nommée improprement *jarasse*. Ces plantes servent à la fois de nourriture à l'homme et aux animaux.

286. Quels sont les *terrains* qui conviennent aux lentilles?

Les lentilles viennent très bien sur les terres de qualité médiocre, et le sol le plus maigre peut en produire; mais les terrains gras ne leur conviennent pas. Cette plante craint plus l'humidité que la chaleur.

287. Comment *sème-t-on* les lentilles?

Les lentilles sont semées à l'époque où l'on ne craint plus les gelées tardives; on sème en lignes ou en auget quand on veut récolter les graines, et l'on sème au contraire à la volée quand on désire cultiver la plante pour son fourrage. La semence est recouverte avec un râteau ou à l'aide d'une herse garnie de branchages.

La lentille à une fleur se sème en automne; c'est la plante fourragère des plus mauvais terrains.

288. Comment fait-on la *récolte* (1) des lentilles?

On récolte les lentilles quand les gousses commencent à devenir rougeâtres; on les met en bottes, et, quand elles commencent à sécher, on les enlève du champ pour les transporter dans la grange. Le travail se fait le matin avant que la rosée soit dissipée.

289. Comment *prépare-t-on* la graine?

On bat les lentilles au fléau comme le froment, à mesure qu'on en a besoin. Les lentilles sont employées à divers usages, principalement pour la nourriture de l'homme. La paille sert d'aliment aux bestiaux.

---

(1) Dans les pays où les lentilles sont abondantes et les fourrages rares, on peut suppléer au manque de ceux-ci en semant fort dru des lentilles, des fèves ou de l'avoine ensemble; on fauche lorsque les plantes sont en pleine fleur, et on fait sécher comme le foin : on a ainsi un fourrage de première qualité.

RACINES ALIMENTAIRES

290. Qu'appelle-t-on *racines alimentaires?*

On appelle *racines alimentaires* les plantes dont les racines ou tubercules forment le principal produit. Les racines alimentaires les plus répandues en France sont la *pomme de terre*, les *topinambours*, les *betteraves*, les *carottes*, les *panais*, les *navets* et les *raves*.

CINQUANTIÈME LEÇON

POMMES DE TERRE

291. Quelles sont les *principales variétés de pommes de terre?*

Il existe une variété infinie de *pommes de terre* qui se distinguent entre elles par la forme, la couleur, la productivité, la précocité, et enfin par le nom du pays dans lequel elles sont particulièrement cultivées. Suivant le degré d'utilité des variétés de pommes de terre, on distingue la *patraque jaune* (ronde), la *parmentière* (aplatie), la *vitelotte* (cylindrique); elles sont *tardives* ou *hâtives*, suivant qu'elles peuvent être arrachées au mois d'août ou au mois d'octobre; enfin, elles sont *coureuses* ou *non coureuses*, relativement à leurs racines qui s'étendent plus ou moins.

292. Quel *climat* et quel *sol* conviennent aux pommes de terre?

Les pommes de terre craignent le froid; on les plante lorsqu'on ne redoute plus les gelées tardives. Tous les sols, à l'exception de l'argile compacte et des tourbes arides, conviennent à la culture des pommes de terre; mais elles préfèrent les sols légers, poreux, secs, sablonneux, et d'une bonne profondeur, pour que les racines de ces plantes puissent largement s'étendre.

293. Comment *reproduit-on* les pommes de terre?

Les pommes de terre sont reproduites au moyen de graines,

de boutures ou en plantant des tubercules. Nous ne parlerons ici que de ce dernier mode de reproduction.

294. Comment faut-il *préparer la terre* pour semer les tubercules?

On commence par fumer abondamment avec des fumiers consommés (1), lorsque la terre est légère et chaude, ou avec du fumier long et peu imprégné de déjections animales si le sol est argileux. Dans ce dernier cas, on se borne, le plus souvent à enfouir de la paille avec les chaumes.

295. Comment *sème-t-on* les tubercules des pommes de terre?

On choisit des tubercules de moyenne grosseur (2); on plante à la charrue ou à la main.

La terre ayant été labourée un mois environ avant la plantation, on laboure ensuite à environ 15 centimètres de profondeur, puis immédiatement on enfouit les tubercules dans les sillons, de manière à ce qu'il y ait un intervalle de 60 centimètres entre chaque rangée et 35 centimètres entre chaque tubercule. On herse ensuite, et, si le temps est sec, on peut donner un coup de rouleau.

296. Quels *soins* demande la culture des pommes de terre?

Lorsque les jeunes pousses commencent à paraître, on donne un sarclage énergique, afin de niveler le sol; on nettoie et l'on

---

(1) Il faut avoir soin d'enfouir le fumier avant les semences, car il donnerait aux tubercules un goût désagréable. On fait cette opération en hiver, lorsque les pommes de terre sont destinées à la nourriture de l'homme; autrement on peut attendre au printemps.

(2) On peut couper les pommes de terre d'un certain volume en morceaux (par section en biseau et non par tranches circulaires), en laissant deux ou trois yeux à chacun d'eux. On laisse sécher les morceaux pendant plusieurs jours pour les empêcher de pourrir quand il survient des pluies abondantes au moment où ils sont en terre. Nous le répétons, il vaut mieux employer une moyenne pomme de terre qu'une partagée en morceaux; le produit est plus certain, quoi qu'il arrive.

casse les mottes. Quelques semaines après, on bine à la herse à cheval et l'on butte plusieurs fois.

Il faut se bien garder de couper les fanes de pommes de terre : cela nuit au développement des racines et des tubercules.

La plantation à la main se pratique en échiquier, en quinconce ou en rangées droites, en faisant des rigoles ou des trous plus ou moins profonds et plus ou moins larges, dans lesquels on place les tubercules. On recouvre ensuite, on sarcle et l'on butte à la main avec la herse à long manche.

297. Comment *récolte-t-on* les pommes de terre?

Quand les fanes commencent à jaunir et que les tubercules se détachent facilement des racines, on peut arracher les pommes de terre. On fait usage pour cela d'une fourche, d'un crochet ou d'une bêche, suivant la nature du terrain. On peut également employer la charrue à double versoir : cela est beaucoup moins coûteux, mais l'arrachage est imparfait.

Enfin, il faut profiter d'un beau temps, car les pommes de terre sont sujettes à pourrir par la moindre humidité.

CINQUANTE-UNIÈME LEÇON

TOPINAMBOURS

298. Qu'est-ce que le *topinambour*?

Le *topinambour* est une plante dont les racines ont des tubercules gros et nombreux, en forme de poire. Le tubercule cuit a le goût du fond de l'artichaut; il peut remplacer la pomme de terre, quoiqu'il n'en ait pas les qualités. Enfin, les animaux domestiques trouvent une excellente nourriture dans toutes les parties de cette plante.

299. Quels sont les *terrains* qui conviennent aux topinambours?

Pour donner un produit satisfaisant, les topinambours demandent de l'engrais; alors ils viennent bien dans des terres sèches, légères, maigres et de mauvaise qualité; ce qu'ils redoutent, c'est le *terrain marécageux*. Les tubercules ne gèlent jamais, ce qui permet de les semer même en janvier; ils n'épuisent pas le sol, car ils tirent de l'atmosphère la plus grande partie de leurs principes nutritifs.

300. Comment *sème-t-on* les topinambours?

On choisit des tubercules de moyenne grosseur; on les plante généralement du 15 février au 15 mars, en lignes, qu'on espace de 55 à 60 centimètres entre elles, et les tubercules ont un intervalle de 30 à 40 centimètres. Il ne faut point couper les tubercules que l'on plante, car ils pourriraient dans la terre.

301. Quels *soins* exige la culture des topinambours?

Il faut aux topinambours les mêmes soins qu'à la pomme de terre, en insistant sur l'avantage de sarcler : le rendement est alors plus considérable.

302. Comment fait-on la *récolte* des topinambours?

La récolte des topinambours a lieu vers la fin de septembre ou au commencement d'octobre. On commence par faucher les tiges aussi près de terre que possible ; on les met en bottes, puis à couvert. Quant aux tubercules (1), on les récolte au fur et à mesure des besoins, attendu qu'en hiver ils restent en terre sans geler : il est nécessaire toutefois que la terre ne soit pas humide.

CINQUANTE-DEUXIÈME LEÇON
BETTERAVES

303. Combien distingue-t-on de *variétés de betteraves?*

---

(1) Il est très difficile d'enlever du sol tous les tubercules; les plus petites racines, les plus petits tubercules poussent de nouvelles tiges. Dans certaines localités, on a l'habitude d'y lâcher les porcs.

Parmi les nombreuses variétés de betteraves, on distingue:
— 1° la *betterave champêtre*, nommée aussi *racine-disette* ou *d'abondance*; elle est rouge clair et sort presque entièrement du sol; cette betterave convient pour la nourriture des animaux, — 2° la *betterave ouvrière de Silésie*, dont la couleur est blanche, à collet vert : sa racine est complètement souterraine.

304. Quel *sol* convient à la betterave?

Le sol qui convient à la betterave est celui qui est profond, bien ameubli par plusieurs labours et bien fumé, enfin une bonne terre à froment.

305. Comment *sème-t-on* les betteraves?

On sème les betteraves au printemps, en avril; on emploie trois méthodes : *à la volée*, — *en pépinière*, — *en lignes*; cette dernière méthode est celle qu'on doit préférer.

On commence par froisser légèrement les grains les uns contre les autres pour les détacher; puis on forme une ligne à l'aide d'un cordeau, et l'on fait déposer deux ou trois graines dans de petits trous pratiqués avec une petite herse et distants l'un de l'autre de 50 centimètres environ; une personne recouvre ensuite la graine avec un peu de terre, et pour que le succès soit complet, une autre personne dépose sur les graines recouvertes de terre une petite quantité de terreau, de vieux fumier ou de poudrette.

306. Quels *soins* exige la culture des betteraves?

Quand la plante est levée, on bine, puis on éclaircit de manière à isoler les pieds, ou bien encore pour mettre le sol dans un état de propreté toujours favorable à la plante.

307. Comment *récolte-t-on* les betteraves?

Pour récolter les betteraves, on fait usage d'une espèce de charrue spéciale à cet effet, ou on les arrache à la main. On doit profiter d'un beau temps en octobre; on rentre les betteraves lorsqu'elles sont bien sèches, et on les conserve soit dans une grange, soit en silos ou même dans une cave.

CINQUANTE-TROISIÈME LEÇON

CAROTTES ET PANAIS

308. Quelles sont les *principales variétés de carottes?*

On compte généralement cinq variétés principales de *carottes*, parmi lesquelles nous distinguons la *blanche à collet vert* et la *rouge pâle.*

309. Quels *terrains conviennent* aux carottes?

Les carottes réussissent bien dans les terrains légers, substantiels, profonds et bien préparés par plusieurs labours. Il ne faut pas semer dans un terrain nouvellement fumé avec du fumier pailleux; car alors la carotte deviendrait fourchue et rendrait beaucoup moins.

310. Comment *sème-t-on* les carottes et quels *soins* exige la culture de ces plantes-racines?

Quand la terre est préparée par plusieurs labours (l'un avant l'hiver, l'autre en janvier ou février, un dernier au moment où l'on veut semer), on choisit un temps calme afin de répandre la graine également. On donne un coup de herse, puis de rouleau quand les feuilles des carottes sont développées; on sarcle pour détruire les mauvaises herbes, et on les éclaircit, c'est-à-dire qu'on en enlève une grande partie afin qu'elles ne soient pas trop près les unes des autres; c'est ce qu'on appelle *mettre en place.*

Les soins pour la culture de la carotte sont les mêmes que pour celle de la betterave.

311. Comment *récolte-t-on* les carottes?

La récolte des carottes se fait avec la bêche ou la fourche. On emploie encore la charrue dont on a enlevé le versoir pour le remplacer par un coin. Cette charrue pique au-dessous des racines et les soulève; à l'aide d'une herse, on ramène les carottes à la surface du sol, ce qui permet de les ramasser.

312. Que peut-on dire sur la *culture des panais?*

Il existe deux variétés de panais : le *long* et le *rond sucré.* Cette plante demande la même culture que la carotte; seulement il faut enterrer davantage la graine, et le terrain qui la recoit doit être plus frais.

CINQUANTE-QUATRIÈME LEÇON
NAVETS OU RAVES

313. Quelles sont les *principales variétés de navets?*

Les principales variétés de *navets* sont les *raves,* les *turneps* et les *rutabagas* ou *navets de Suède :* ces plantes se distinguent entre elles par la grosseur et la forme, ainsi que par la couleur de la peau et de la chair.

314. Quel *climat* et quel *sol* conviennent à la culture des navets?

Les navets exigent un climat humide, une terre fertile, légère et calcaire sans être sèche. Un sol froid et fort leur est contraire.

315. Comment *sème-t-on* les navets et quels *soins* exige la culture de ces plantes?

Les navets se sèment vers le mois de juin ou en juillet, suivant la température du climat. On sème en lignes et au semoir, et l'on bine avec la herse à cheval; on sarcle, puis on éclaircit en laissant un intervalle de 30 à 35 centimètres pour les petites espèces, et de 50 centimètres pour les fortes.

316. Comment *récolte-t-on* les navets?

On arrache les navets comme les carottes, en profitant d'un temps sec. Pour les conserver, on peut les laisser en terre et ne les retirer qu'au fur et à mesure des besoins, quand toutefois les gelées ne sont pas à redouter.

Pour les emmagasiner, on les place dans un endroit sec, les uns à côté des autres, après les avoir décolletés. Au moyen d'un lit de paille on peut les préserver de la gelée.

PLANTES FOURRAGÈRES

317. Qu'appelle-t-on *plantes fourragères?*

On appelle *fourragères* les plantes agricoles qui servent à la nourriture des animaux. Ces plantes sont cultivées et recueillies soit dans les *prairies naturelles,* soit dans les *prairies artificielles.*

Avant de parler des diverses plantes fourragères, nous allons d'abord nous occuper des *prairies* et des *pâturages* ou *pacages.*

CINQUANTE-CINQUIÈME LEÇON

PRAIRIES

318. Qu'est-ce qu'une *prairie* et un *pâturage?*

On nomme *prairie* et *pâturage* toute superficie de terre semée naturellement ou artificiellement de plantes propres à la nourriture des animaux. La différence spécifique qui existe entre la *prairie* et le *pâturage,* c'est que celui-ci est pâturé par le bétail, tandis que celle-là doit être régulièrement fauchée.

319. Comment *divise-t-on* les prairies ?

Les prairies sont divisées en : 1° prairies *naturelles permanentes,* — 2° prairies *artificielles* ou *temporaires.* Il en est de même des pâturages.

1° On appelle *prairies naturelles* celles qui n'ont point été semées et où l'herbe croît et se renouvelle perpétuellement; ou bien ce sont des terrains qui, une fois semés, se maintiennent ainsi sans labours et sans semence pendant une suite d'années plus ou moins longue.

2° Les *prairies artificielles* sont ensemencées périodiquement par des espèces de plantes fourragères les plus convenables au sol et aux besoins des localités. Après un certain temps, ces prairies sont livrées à la culture.

320. Qu'appelle-t-on *prairies basses,* — *prairies marécageuses,* — *prairies sèches?*

Les *prairies basses* sont situées sur le bord d'une rivière ou dans le fond d'une vallée ; elles produisent un bon foin. — Les *prairies marécageuses,* étant le plus souvent couvertes d'eau, produisent un foin dur et souvent malsain. On ne les conserve que parce que le sol en est impropre à toute autre culture. — Enfin, les *prairies sèches* sont celles qui donnent de bon foin, mais en si petite quantité qu'il est plus avantageux de les défricher pour les utiliser autrement.

321. Que nomme-t-on *pâturages permanents,* — *pâturages alternes?*

Les *pâturages permanents* servent exclusivement à la nourriture des animaux ; quant aux *pâturages alternes,* ce sont des terrains qui deviennent alternativement pâturage ou culture particulière de plantes agricoles.

CINQUANTE-SIXIÈME LEÇON
SUITE DU SUJET PRÉCÉDENT

322. Quelle doit être l'*exposition* des prairies ou des prés?

Les meilleures prairies et les meilleurs prés sont ceux qui sont situés en pente douce, et dont le sol est bon et profond. Ils doivent avoir leur exposition au levant ou au midi, afin que l'herbe soit d'une bonne qualité et moins exposée aux gelées blanches au commencement du printemps, c'est-à-dire à l'époque où la végétation des plantes prend de l'activité.

323. Quelle *précaution* doit-on avoir pour les prairies?

Lorsque le terrain que l'on veut convertir en prairie possède déjà une certaine fertilité, on doit bien se garder d'enfouir les plantes par un labour ; au contraire, on améliore au moyen de semis considérables et d'une bonne fumure.

324. Quels sont les *avantages* des prairies naturelles sur les prairies artificielles?

Les prairies naturelles sont beaucoup moins coûteuses à entretenir que les prairies artificielles, et, quoique leur produit soit inférieur à celui de ces dernières, il a une régularité sur laquelle on peut compter, qui n'existe pas pour les autres. Enfin, à la longue, elles améliorent le sol autant que les meilleures prairies artificielles, ce qui permet de les rompre temporairement pour obtenir un bon produit d'une plante agricole.

325. Quels *soins particuliers* exigent les prairies naturelles?

Les soins qu'exigent les prairies naturelles se bornent à débarrasser les sols trop humides de l'excès d'eau qui leur nuit et des mauvaises herbes qui les infestent. De temps en temps, tous les deux ans au moins, il est indispensable de les fumer. On détruit les fourmilières, les taupinières à l'aide d'un traîneau nommé *étaupinoir*; enfin on enlève les pierres.

CINQUANTE-SEPTIÈME LEÇON
SUITE DU SUJET PRÉCÉDENT

326. Comment *crée-t-on une prairie?*

Pour transformer un sol en prairie, on dessèche, on nettoie et l'on ameublit ce sol par trois ou quatre labours, en fumant convenablement. On sème ensuite à la volée un mélange de graines, dans les proportions les plus favorables pour le meilleur rapport. Quelquefois, on laisse le sol s'engazonner naturellement, ou bien on y transplante des bandes de gazons pris ailleurs: ce dernier mode est peu répandu, car il est plus dispendieux que le premier.

327. Nommez les *engrais qui conviennent aux prairies?*

Ce sont les engrais liquides ou ceux qui peuvent facilement

se dissoudre et pénétrer dans les terres par les pluies, comme le *terreau*, les *cendres*, les *guanos*, la *poudrette*, etc.

328. Quel *soin* faut-il avoir lorsqu'on sème des plantes fourragères dans les prairies artificielles?

On doit avoir soin de ne semer ensemble que des plantes qui fleurissent à peu près à la même époque ; autrement une partie de l'herbe des unes croîtrait au moment où celle des autres serait trop dure, ce qui amènerait nécessairement une perte plus ou moins importante sur la qualité comme sur la quantité du fourrage.

329. Comment *assainit-on* une prairie?

Quand le sol est *trop sec*, on établit une *irrigation*, c'est-à-dire que l'on creuse des rigoles, des canaux, à l'aide desquels on peut conduire à travers les terres l'eau prise à une rivière, ou bien on inonde tout le terrain.

Si le sol est *trop humide*, on y établit des rigoles d'écoulement, puis on y répand de la chaux, des cendres, de la marne ou d'autres engrais.

330. Comment fait-on la *récolte* des foins?

On choisit le moment où la plus grande partie des plantes sont en fleurs, ce qui a lieu pendant le mois de juin. On fauche, au moyen de la faux, aussi près de terre que possible, sans toutefois attaquer le collet des plantes ; puis on éparpille ce qui est fauché, pour que le soleil puisse en sécher également toutes les parties : c'est de leur parfaite dessiccation que dépend la bonne conservation du foin sur le fenil, quand il y est entassé.

On donne le nom de *regain* à la dernière coupe des foins d'une prairie; elle a lieu en septembre.

330bis. Quelles sont les principales *plantes cultivées* dans les prairies artificielles?

Les principales plantes que l'on cultive dans les prairies artificielles sont la luzerne, les trèfles, le sainfoin, le ray-grass, la vesce, le pois gris, le maïs, le seigle, l'ajonc, la chicorée, le sorgho, la spergule, le méliot de Sibérie, le bunias d'Orient, etc. Nous ne parlerons que des quatre premières.

CINQUANTE-HUITIÈME LEÇON

LUZERNE

331. Qu'est-ce que la *luzerne?*

La luzerne est sans contredit la meilleure nourriture qu'on puisse donner aux bêtes; elle les fortifie, rétablit les animaux fatigués ou épuisés, engraisse ceux qui sont destinés à la boucherie, et procure aux vaches, aux juments et aux brebis un lait abondant. La luzerne mérite d'être mise au premier rang de la série des plantes destinées aux prairies artificielles.

332. Quel *climat* et quel *sol* conviennent à la luzerne?

La luzerne aime la chaleur, redoute les hivers rigoureux et surtout les gelées tardives : il lui faut donc une heureuse combinaison de chaleur et d'humidité pour que la végétation soit soutenue.

Cette plante se montre la plus exigeante des fourragères sur le choix du terrain : la terre doit être franche, douce, sablonneuse, légère et substantielle. Il faut qu'elle soit préparée par des labours fréquents, profonds, en hersant après chaque labour; et, si cela est possible, on la disposera comme celle d'un jardin.

333. Comment *sème-t-on* la luzerne?

On peut semer la luzerne dès le mois de septembre dans les pays chauds; mais dans ceux du nord, il faut attendre que les gelées du printemps ne puissent plus lui être nuisibles : on la sèmera à la fin de mars et dans le courant du mois d'avril. Une luzernière bien traitée persiste de dix à douze ans.

334. Comment fait-on la *récolte* de la luzerne?

L'époque la plus favorable pour récolter la luzerne est celle où les boutons commencent à poindre. Si l'on récoltait plus tôt, elle serait trop aqueuse, par suite moins nourrissante ; récoltée plus tard, cette plante deviendrait trop dure, et les animaux la mangeraient difficilement.

CINQUANTE-NEUVIÈME LEÇON
TRÈFLES

335. Quelles sont les *principales espèces de trèfles ?*

Les principales espèces de trèfles sont : 1° le *trèfle commun* ou *rouge* et sa variété, — 2° le *grand trèfle normand,* qui est plus élevé et plus tardif que le précédent, et qui donne une coupe plus abondante, — 3° le *trèfle incarnat* ou *farouche* : c'est une plante annuelle qui se sème dans les mois d'août et de septembre, et qui se consomme au mois de mai suivant, — 4° le *trèfle blanc* ou *trèfle rampant,* que l'on trouve particulièrement dans les prairies naturelles.

336. Quel *climat* et quel *sol* conviennent aux trèfles ?

Le *trèfle commun* ne craint pas le froid, mais la gelée suivie d'un dégel et les gelées tardives qui l'exposent à se déchausser (1) lorsqu'il est en tige. Cette plante réussit dans presque tous les terrains ; néanmoins une terre argileuse et argilo-calcaire lui est favorable, et une terre calcaire pure et sablonneuse lui est contraire.

Quant au sol qui convient au *trèfle incarnat,* on a remarqué que les terres sablonneuses ou graveleuses et un peu légères lui sont préférables.

Le *trèfle blanc* donne une récolte abondante dans les sols ou le trèfle rouge donnerait peu de produit.

337. Comment *sème-t-on* les trèfles ?

Vers la fin de février, quand la terre qui doit recevoir la

---

(1) On dit que le pied d'une plante est *déchaussé* lorsque la terre qui l'entourait a disparu par une cause quelconque.

graine est suffisamment préparée par des labours, des hersages et autres soins, on choisit une bonne graine (1) de l'année précédente ; on couvre cette graine par un hersage léger ou au moyen d'épines disposées en formes de herse.

On sème le *trèfle incarnat* en juillet ou en août, et au plus tard en septembre, à la suite d'une plante céréale. Le *trèfle blanc* est semé avec d'autres herbes dans les pâturages.

338. Comment fait-on la *récolte* du trèfle ?

Le trèfle commun se fauche quand les premières fleurs sont épanouies ; si l'on attend plus tard, le fourrage devient dur et moins convenable pour les bêtes qui s'en nourrissent.

C'est ordinairement la seconde coupe de la seconde année qui donne la graine ; on laisse les plus belles places, et, quand les fleurs sont sèches, on recueille les têtes à la main ; quant aux tiges, on peut les faucher ensuite à loisir.

SOIXANTIÈME LEÇON
SAINFOIN

339. Qu'est-ce que le *sainfoin* ?

Le *sainfoin*, que l'on désigne dans certains endroits sous le nom d'*esparcette*, est une plante fourragère qui offre de grands avantages sur le trèfle et sur la luzerne, en ce qu'il n'est point sujet, comme ceux-ci, à causer aux animaux qui le mangent des tranchées, des enflures, et à épaissir le sang et les humeurs.

340. Quel *climat* et quel *sol* conviennent au *sainfoin* ?

Le *sainfoin* est très rustique ; il craint peu les influences atmosphériques. L'exposition ne lui est pas indifférente ; il n'en

---

(1) Il est avantageux de récolter soi-même la graine de trèfle pour l'avoir bonne et bien séchée. On reconnaît qu'une graine est convenable quand elle est d'une couleur jaune, mêlée de bleu violacé, bien pleine et bien luisante. La vieille graine possède une couleur brune et terne.

est pas qui lui convienne mieux que celle des côteaux inclinés de 45 degrés environ, et échauffés par le vent du midi.

On le cultive avec profit dans les terrains maigres; mais i faut alors que la couche arable repose sur un sous-sol profond, à base crayeuse et perméable à l'humidité. Dans une bonne terre, bien préparée et bien nettoyée, il donne une récolte très abondante.

341. Comment *sème-t-on* le sainfoin?

On sème le sainfoin dans toutes les saisons, de l'année; ma quand on le sème en automne, on peut craindre qu'il soit endommagé par les gelées. Il vaut mieux le semer au printemps, lorsque les gelées ne sont plus à craindre.

342. Comment *récolte-t-on* le sainfoin?

Le sainfoin ne donne généralement qu'une coupe. Depuis plusieurs années on en cultive une variété à deux coupes. Quant au moment le plus favorable pour faucher le sainfoin, on choisit l'époque où la plupart des fleurs commencent à s'épanouir; on choisit enfin comme pour le trèfle et la luzerne; cette fourragère est toutefois moins longue qu'eux à sécher.

SOIXANTE-UNIÈME LEÇON
RAY-GRASS

343. Qu'est-ce que le *ray-grass*?

Le *ray-grass* est une plante céréale employée pour former des prairies artificielles; on en distingue de deux espèces : 1° le *ray-grass d'Italie*, — 2° *le ray-grass d'Angleterre*. Ce dernier est plus convenable que le précédent pour former des pâturages.

344. Quel *climat* et quel *sol* conviennent au ray-grass?

Le ray-grass pouvant braver les gelées et les frimas, quelque rudes que deviennent les saisons, les récoltes de ce fourrage ne peuvent manquer d'être abondantes. Quant au *sol* on a remarqué que cette plante réussit dàns des terrains froids, humides, argileux, ou secs, pierreux, sablonneux.

845. Comment *sème-t-on* le ray-grass?

Le ray-grass est semé en automne ou au printemps; la première saison est la plus favorable. On choisit un temps calme pour répandre la semence, qui est très légère; on passe le rouleau sur tout le champ. Cette plante peut être semée avec les diverses espèces de trèfles, ce qui donne plusieurs sortes de fourrages.

846. Combien distingue-t-on d'*espèces* de ray-grass?

On distingue deux sortes de ray-grass : l'une est *blanche*, l'autre est *rouge*; toutes deux sont semblables dans la texture de la plante, excepté que les nœuds des tiges ont certaines différences marquées.

847. Quand fait-on la *récolte* du ray-grass?

Le ray-grass peut être fauché un peu plus tôt ou un peu plus tard, selon que la saison lui a été plus ou moins favorable; c'est un des fourrages les plus hâtifs.

Pour le donner en vert, on le fauche dès le mois d'avril, ou même plus tôt si on l'a semé en septembre; quand on le fauche pour le faire sécher, il exige les mêmes soins que le foin ordinaire.

PLANTES INDUSTRIELLES

848. Qu'appelle-t-on *plantes industrielles?*

On appelle *industrielles* les plantes qui ne sont pas, comme les précédentes, destinées à la nourriture de l'homme ou des animaux, mais qui servent de matières premières dans ce qui a rapport à l'industrie. Parmi les plantes industrielles, on distingue les *plantes oléagineuses, — textiles, — tinctoriales, — à sucre, — aromatiques,* et plusieurs autres destinées à divers usages. Nous ne nous occupons ici que des trois premières espèces de ces plantes (1).

____

(1) On cultive en France beaucoup d'autres plantes industrielles

SOIXANTE-DEUXIÈME LEÇON

PLANTES OLÉAGINEUSES

349. Qu'appelle-t-on *plantes oléagineuses?*

Les *plantes oléagineuses* sont celles d'où l'on tire de l'huile; parmi les plantes de cette série, on distingue le *colza*, la *navette*, la *caméline*, le *pavot*, la *moutarde*. Nous ne parlerons dans cet ouvrage que de quelques-unes de ces plantes.

350. Qu'est-ce que le *colza?*

Le *colza* est une espèce de chou champêtre cultivé pour sa graine, d'où on extrait une huile qu'on utilise dans les arts, et dont les feuilles servent de nourriture aux animaux. On en distingue deux variétés : 1° le *colza d'hiver*, qu'on sème au milieu de l'été, — 2° le *colza de printemps*, moins productif que le précédent, mais beaucoup plus précoce; on le sème au printemps et on le récolte l'année même.

350bis. Quel *climat* et quel *sol* conviennent au colza?

Le colza réussit bien dans les climats qui ne sont pas trop chauds; il s'accommode dans presque tous les terrains, même dans ceux qui sont argileux, pourvu qu'ils aient été assainis, bien fumés et ameublis par de bonnes cultures.

Cette plante réussit le mieux dans une terre légère, profonde, fraîche et susbtantielle.

350ter. Comment *sème-t-on* le colza?

Le colza se sème de trois manières : à la volée, — en lignes, — en pépinière. La seconde manière est préférable; elle consiste à tracer des rayons de 3 à 5 centimètres de profondeur et espacés entre eux de 40 à 50 contimètres. On met 8 à 10 graines par 35 centimètres de distance dans chaque rayon, et

que celles qui sont énumérées ici, mais elles forment des cultures spéciales dont nous parlerons ailleurs. Parmi ces plantes, on distingue le *tabac*, le *houblon*, la *cardère* ou *chardon-à-foulon*, la *chicorée à café*, la *moutarde*, le *cotonnier*, etc., etc.

6

l'on recouvre à la herse, puis on roule la surface du terrain.

La récolte du colza s'effectue lorsque les tiges prennent une teinte jaune et que les graines brunissent.

351. Qu'est-ce que la *navette?*

La *navette* est, comme le colza, une plante oléagineuse de la nature des choux, mais moins difficile que le colza sur le choix du terrain; car elle s'accommode de terres légères où le colza ne peut pas réussir, et elle supporte les climats secs. Cette plante ne se sème pas en pépinière.

On distingue deux espèces de *navettes* : celle d'*été* et celle d'*hiver*.

352. Qu'est-ce que la *caméline?*

La *caméline*, vulgairement appelée *camomille*, est une plante oléagineuse dont l'huile à brûler est meilleure que celle du colza et de la navette. Cette plante réussit dans les sols légers et sablonneux et même dans une terre de médiocre qualité, pourvu qu'elle soit suffisamment fumée; elle peut donner deux récoltes par an, et a l'avantage de n'être pas attaquée par les pucerons ni les puces de terre.

353. Qu'est-ce que le *pavot?*

Le *pavot* ou *œillette* est une plante oléagineuse qui donne une huile bonne à manger; cette huile est mélangée, le plus souvent, avec l'huile de faîne et l'huile d'olive.

On cultive deux variétés de pavots : le *pavot ordinaire* et le *pavot blanc*.

SOIXANTE-TROISIÈME LEÇON
PLANTES TEXTILES

354. Qu'appelle-t-on *plantes textiles?*

On appelle *plantes textiles* celles dont les fibres sont employées pour fabriquer des cordes, de la toile, des fils. Parmi les plantes de cette série, on distingue le *lin*, le *chanvre*, le *phormium tenax* (lin de la Nouvelle-Zélande) et l'*ortie à feuilles de chanvre.* Nous ne parlerons ici que du *lin* et du *chanvre.*

355. Qu'est-ce que le *lin?*

Le *lin* est une plante que l'on cultive pour la filasse qu'on retire de sa tige, et pour l'huile qu'on extrait de sa graine. On en distingue trois variétés : le *lin ordinaire,* — le *lin de Riga,* — le *lin de Hollande* : on nomme vulgairement les deux dernières variétés *lin de la grande espèce.*

356. Quel *climat* et quel *sol* conviennent au lin?

Tous les climats de France conviennent au lin; quant au sol, cette plante aime un terrain propre, contenant beaucoup d'humus et bien meublé. On récolte le lin quand les feuilles se flétrissent; alors on arrache par poignées pour en former des faisceaux qu'on lie près des têtes, et on les dresse sur le sol pour laisser sécher la graine (1).

357. Qu'est-ce que le *chanvre?*

Le *chanvre* est une plante qui donne, comme la précédente, de la filasse et des graines; elle en diffère en ce que la filasse est plus solide; quant à la graine, connue sous le nom de *chènevis,* elle sert pour la nourriture des oiseaux et pour la fabrication de l'huile.

358. Quel *climat* et quel *sol* conviennent au chanvre?

Le chanvre vient bien par toute la France, mais il préfère les climats doux et humides; quant au *sol,* il lui faut une terre propre, meuble et fertile : les marais desséchés, le bord des rivières, les vallées, sont les endroits où il se plaît particulièrement.

-----

(1) Pour obtenir la filasse du lin, on soumet les tiges au *rouissage,* opération qui consiste à les placer dans un cours d'eau jusqu'à ce qu'il se produise une espèce de fermentation, pendant laquelle les principes gommo-résineux renfermés dans la filasse se dissolvent, ce qui donne aux fibres la souplesse nécessaire pour être travaillées.

SOIXANTE-QUATRIÈME LEÇON
PLANTES TINCTORIALES

359. Qu'appelle-t-on *plantes tinctoriales?*

On appelle *plantes tinctoriales* celles d'où l'on extrait diverses matières employées en teinture. Les principales plantes de cette série et qui prospèrent en France, sont : la *garance*, la *gaude*, le *pastel* ; quant au *safran*, à l'*indigotier*, au *carthame*, à la *persicaire*, à la *maurelle*, au *sumac*, ainsi qu'à un grand nombre de ces plantes, on les tire plus communément de l'étranger.

360. Qu'est-ce que la *garance?*

La *garance* est une plante dont les racines procurent une couleur rouge très solide pour la teinture de la laine, du coton et de la soie, et dont les tiges forment un fourrage aussi bon que la meilleure luzerne, lorsqu'on fauche la plante au moment de la floraison.

361. Quel *climat* et quel *sol* conviennent à la garance?

La garance s'accommode de tous les climats; elle exige un sol léger, frais, profond, sans gravier, contenant beaucoup de calcaire et d'humus, préalablement défoncé et bien fumé avec des engrais pulvérulents ou des fumiers bien consommés.

362. Qu'est-ce que la *gaude* et quel *sol* exige-t-elle?

La *gaude* est une plante d'où l'on retire une couleur jaune qu'on a beaucoup employée avant de faire usage des couleurs extraites des bois étrangers. On en distingue deux variétés : l'une de printemps et l'autre d'hiver; cette dernière est préférée à cause de sa culture moins coûteuse. Quant au *sol*, il il faut le choisir léger, si l'on veut obtenir de beaux produits; mais on cultive cette plante dans les plus mauvais terrains.

363. Qu'est-ce que le *pastel?*

Le *pastel* est une plante dont les feuilles donnent une couleur bleue; depuis que l'indigo a baissé de prix, ou cultive le pastel comme plante fourragère.

CATÉCHISME AGRICOLE

ÉCOLES PRIMAIRES RURALES

TROISIÈME PARTIE

ZOOTECHNIE

SOIXANTE-CINQUIÈME LEÇON

ÉDUCATION DU BÉTAIL

364. Que comprend l'*éducation du bétail?*

L'*éducation du bétail* comprend tout ce qui est relatif à l'art d'élever, de nourrir, d'entretenir et de tirer parti des animaux dont on fait usage en agriculture.

365. En combien de *classes* divise-t-on les animaux en général?

Les animaux peuvent être divisés en *deux classes* :

1° Les *animaux sauvages*, — 2° les *animaux domestiques.*

Les *animaux sauvages* sont ceux qui vivent en liberté sur la terre ou dans l'air ; les *animaux domestiques* sont ceux qui sont nourris par l'homme et qu'il rend dociles pour s'en servir à différents usages. Nous ne nous occuperons ici que des *animaux domestiques.*

366. Indiquez les *animaux domestiques* dont le cultivateur peut tirer parti.

Les *animaux domestiques* sont : — 1° le *cheval*, le *mulet*, l'*âne*, le *bœuf*, destinés à porter ou tirer des fardeaux, — 2° la vache, l'*ânesse*, la *chèvre*, qui donnent le lait, — 3° le *mouton*, la *brebis*, qui produisent la laine qui sert à plusieurs usages, — 4° le *porc*, qui donne sa chair pour la nourriture de l'homme, — 5° le *chien* et le *chat*, qu'on utilise dans l'intérieur des fermes, — 6° les oiseaux de basse-cour, tels que les *poules*, les *dindons*, les *pigeons*, les *oies*, les *canards*, — 7° les insectes, tels que les *abeilles*, les *vers à soie*.

367. Relativement à leur utilité particulière, en combien de classes *divise-t-on* les animaux domestiques?

Suivant leur utilité particulière, les animaux domestiques se divisent en deux classes : 1° les *bêtes de travail* ou *de trait*, — 2° les *bêtes de produit* ou *de vente*. Les bêtes de travail sont employées pour les différents travaux agricoles ; les bêtes de produit sont élevées principalement pour le profit qu'on se propose de trouver dans leur éducation spéciale.

368. Quelles sont les *conditions essentielles* pour conserver le bétail et le faire prospérer?

Le cultivateur qui veut conserver son bétail et le voir prospérer doit bien réfléchir : 1° sur la *construction*, la *disposition* et la *situation* du logement des animaux, — 2° il doit régler la nourriture qui leur convient, — 3° enfin, tenir ses étables dans un état constant de propreté.

SOIXANTE-SIXIÈME LEÇON
SUITE DU SUJET PRÉCÉDENT

369. Quelles sont les *conditions relatives aux logements des animaux?*

Une étable ou une écurie doit être située loin des fumiers, des amas d'eau et de tout ce qui occasionne de mauvaises odeurs ou de l'humidité ; on doit choisir, si on le peut, un endroit plus élevé que le sol de la cour ; à l'intérieur, il faut qu'il soit suffisamment spacieux dans tous les sens, pour que les animaux puissent se mouvoir sans être gênés et trouver l'air qui convient à leur respiration.

370. Que doit-on également observer à l'égard de ces logements?

Il est rigoureusement nécessaire de renouveler l'air des étables et des écuries par un système de ventilation placé au-dessus des animaux; le sol doit être pavé, glaisé, ou mieux, établi en bois et en pente douce pour faciliter l'écoulement des liquides; enfin, on doit essentiellement tenir les étables ou les écuries dans un état constant de propreté; car les miasmes putrides qui s'exhalent des fumiers qu'on laisse trop longtemps peuvent causer les ravages les plus funestes aux animaux.

371. Que faut-il observer relativement à la *nourriture* des animaux?

Pour que les animaux puissent avoir une bonne santé, il faut leur distribuer la nourriture chaque jour à la même heure, et en rationner la quantité. On doit donner plus de nourriture à l'animal qui travaille qu'à celui qu'on n'utilise pas; enfin, il faut laisser du repos au bétail après chaque repas.

372. Comment doit-on *traiter* les animaux destinés au travail?

L'expérience a prouvé que l'animal est doué de sentiment et qu'il fait volontiers tout ce qu'on exige de lui en le traitant avec douceur; au contraire, quand on maltraite les animaux, ils deviennent rétifs, mutins, et par suite dangereux et vindicatifs.

373. Que doit-on penser de ceux qui *maltraitent* les animaux?

On ne saurait trop surveiller ceux qui *maltraitent les animaux* et sévir contre eux par tous les moyens possibles; car en même temps qu'ils font preuve de *lâcheté* ou d'une *ignoble et féroce brutalité*, ils s'exposent à mettre hors de service des animaux dont on pouvait tirer de grands avantages.

SOIXANTE-SEPTIÈME LEÇON

MALADIES DES ANIMAUX

374. *A quels caractères* reconnaît-on qu'*un animal est malade?*

Un animal est malade quand son appétit diminue ou qu'il se perd complètement, — lorsque sa langue est sèche et sale, — quand son poil est terne et recouvert de crasse;— enfin, l'animal malade est triste, ses excréments sont durs et ses urines rouges ou noirâtres.

375. Que *doit-on faire* quand *un animal est malade?*

Lorsqu'un animal est malade, il faut appeler sur-le-champ un vétérinaire (ne jamais se fier à un empirique); il vaut mieux faire le sacrifice d'une visite hasardée que de courir le risque de compromettre ses intérêts par un retard qui permet à la maladie de faire des progrès mortels ou difficiles à combattre.

376. Qu'appelle-t-on *maladies contagieuses?*

On appelle *maladies contagieuses* celles qui peuvent se propager d'un animal à l'autre par l'air et même par le contact des objets qui ont touché la bête indisposée.

377. Que doit-on faire *lorsqu'on a reconnu qu'une maladie est contagieuse?*

Lorsqu'on a reconnu qu'un animal est attaqué d'une *maladie contagieuse,* il faut s'empresser de le séparer des animaux en bonne santé, le priver de toute sortie et le maintenir dans une écurie bien propre, bien aérée. Si l'animal succombe, on l'enterre avec soin loin de l'habitation : on devra nettoyer alors l'écurie avec du chlorure de chaux en dissolution, c'est-à-dire laver le pavé, le mur, et arroser le fumier avec ce liquide.

378. *Quels noms particuliers* donne-t-on *à chaque espèce d'animaux ?*

On désigne par *espèce chevaline* l'espèce entière des chevaux; les bœufs, taureaux et vaches forment *l'espèce bovine*, les moutons sont compris sous *l'espèce ovine*, les porcs forment *l'espèce porcine*.

SOIXANTE-HUITIÈME LEÇON

BÊTES CHEVALINES

379. Qu'est-ce que le *cheval ?*

Le *cheval* est, comme bête de trait ou comme bête de somme, le plus précieux des animaux ; il a de la mémoire, du discernement, de la force, de la douceur naturelle et de l'attachement, ce qui permet d'en tirer le plus grand parti.

380. Combien distingue-t-on de *races principales de chevaux ?*

On distingue principalement les *chevaux arabes,* —*anglais,* — *andalous,* — *boulonnais,* — *poitevins.* Ces chevaux se distinguent entre eux par la forme extérieure et les qualités : les uns sont vigoureux et légers, les autres rapides à la course ou doués de mouvements gracieux; enfin, d'autres sont forts et propres aux travaux lents.

381. Quels sont, dans le cheval, les *défauts cachés* qui donnent à l'acheteur le droit à la *nullité du marché?*

La loi du 20 mai 1837 reconnaît les maladies suivantes comme pouvant entraîner la nullité du marché : la boiterie intermittente pour cause de vieux mal (9 jours de garantie), — le cornage chronique, — le farcin, — la fluxion périodique des yeux, — les hernies inguinales intermittentes, — l'immobilité, — la maladie de poitrine, — la morve, — le mal caduc (30 jours de garantie), — la pousse, — le tic sans usure des dents.

382. Quelles sont les *qualités générales* que doit présenter un cheval de telle ou telle race?

Quelle que soit la race du cheval ou l'exercice auquel on veut le soumettre, l'animal de choix doit avoir des muscles qui se prononcent bien et ne soient point empâtés dans sa graisse ou cachés sous l'épaisseur de la peau; il doit avoir le poil fin, les crins doux et peu abondants.

383. Quelles sont, en particulier, les *qualités du cheval de labour?*

Le cheval de labour, qui nous intéresse plus particulièrement ici, doit être épais, ramassé, court, et avoir le corps arrondi et musculeux; il doit avoir la poitrine et la croupe larges, le pied d'aplomb et le pas assuré.

384. Quels sont les autres animaux dont on peut utiliser les forces?

On utilise encore les forces du *mulet*, de l'*âne* ou *baudet*, ce sont des animaux dont on obtient de grands services dans la ferme.

SOIXANTE-NEUVIÈME LEÇON
BÊTES BOVINES

385. Qu'est-ce que le *bœuf?*

Le *bœuf* (taureau coupé) est, en agriculture, le plus utile des animaux par tous les bénéfices qu'on retire de cet animal pendant sa vie, et par la viande de boucherie qu'il procure.

386. Combien distingue-t-on de *races* de bœufs?

Les races de bœufs sont très nombreuses. On distingue principalement la *race anglaise* de Durrham, qui est très apte à l'engraissement, — la *race suisse* de Berne, de Fribourg, — les races françaises de Normandie, de Gascogne; enfin, le Morvan fournit des bœufs qu'on emploie utilement comme bêtes de trait.

On nomme *taureau* le mâle de l'espèce bovine; la *vache* est la femelle; le *veau* est le petit de la vache.

387. Qu'est-ce que la *vache?*

La *vache* est le principal animal qui donne le lait; on peut l'utiliser pour le service de la charrue, en ayant soin de l'assortir avec un bœuf de sa taille et de sa force, pour conserver l'égalité de trait et maintenir le soc en équilibre entre ces deux puissances.

388. Quelles sont les *qualités des vaches bonnes laitières?*

On reconnaît qu'une *vache est bonne laitière* lorsqu'elle a une peau lisse, fine, souple et lâche; quand elle a le flanc spacieux et le ventre élargi à la partie inférieure; lorsque les mamelles sont grandes, molles, et qu'elles laissent voir de gros vaisseaux bien prononcés qui s'étendent des deux côtés du ventre, et qui sont faciles à saisir entre les doigts.

389. Quel est le *meilleur* et le *plus certain des signes* d'une *vache bonne laitière?*

L'expérience a fait connaître à un agriculteur appelé Guénon, que la production du lait, en quantité et en durée, est proportionnelle à la grandeur et à la régularité de l'*écusson*, c'est-à-dire à la marque formée par le poil montant de la face postérieure du pis et autour.

390. Quelles sont, chez les bêtes bovines, les *maladies* qui entraînent la *nullité du marché?*

La loi reconnaît l'épilepsie ou mal caduc (30 jours de garantie), — la phtisie pulmonaire, — le renversement de l'utérus, — les suites de la non-délivrance.

391. Quel est *l'avantage du bœuf sur le cheval?*

Quoique cette question soit encore indécise pour beaucoup d'agriculteurs, nous dirons que dans la culture ordinaire le cheval doit être remplacé par le bœuf, attendu que ce dernier ait presque autant de travail que le premier, que sa nourriture et son entretien sont moins dispendieux, et qu'enfin, outre les profits retirés de cet animal dans son travail, il est toujours possible de retrouver son argent d'un bœuf trop âgé pour le travail, après l'avoir engraissé, ce qui n'a pas toujours lieu pour le cheval.

SOIXANTE-DIXIÈME LEÇON

SUITE DU SUJET PRÉCÉDENT

392. Quelles sont les *qualités du bœuf de labour?*

Le bœuf de labour ne doit être ni trop gros ni trop maigre; il doit avoir une tête courte et ramassée, les oreilles grandes et velues, les cornes fortes, luisantes et de moyenne grandeur, les yeux grands et noirs, le mufle gros et camus, les naseaux bien ouverts, les dents blanches et égales.

393. Indiquez d'autres *qualités du bœuf de labour?*

Il doit avoir le cou charnu, les épaules grosses et pesantes, la poitrine et les reins larges, la croupe épaisse, les jambes et les cuisses nerveuses, le dos droit et plein, la queue forte, longue et garnie de poils touffus et fins, les pieds fermes, l'ongle court et large.

394. Qu'est-ce que la *météorisation* des bestiaux?

Quand les bestiaux (bœufs, vaches, moutons et autres herbivores) ont mangé trop de sainfoin, de luzerne ou de trèfle vert au moment de la force de la végétation de ces plantes, ou si ces substances sont mangées couvertes de rosée, il se développe chez eux un gonflement nommé *météorisation* ou *empansement*, et cette indisposition peut les faire périr en quelques heures si l'on ne s'empresse d'y apporter remède.

395. Comment combat-on *la météorisation?*

Pour combattre la météorisation chez les ruminants, on a proposé un grand nombre de moyens. Certains cultivateurs donnent à l'animal enflé quelques lavements de saumure ; d'autres lui introduisent par l'œsophage une sonde qui pénètre dans la partie de l'estomac où sont les gaz, pour en faciliter la sortie. Enfin, dans certaines localités, on pratique, à l'aide d'un instrument appelé *trocart*, une ouverture dans le flanc gauche, entre la hanche et la fausse côte, pour pénétrer d'un seul coup jusqu'au *rumen*. On guérit la blessure par l'application d'un emplâtre collant.

Thénard, chimiste, propose l'emploi d'une cuillerée d'*ammoniaque* liquide dans un verre d'eau que l'on fait avaler à l'animal au moyen d'une bouteille.

SOIXANTE-ONZIÈME LEÇON
BÊTES OVINES

396. Qu'est-ce que le *mouton* ?

Le *mouton* (bélier coupé), nommé aussi *bête à laine*, est un animal dont l'éducation est des plus importantes en économie agricole, car elle offre le plus d'objets d'utilité générale, et contribue puissamment à l'amélioration de l'agriculture et au progrès de l'industrie.

On nomme *bélier* le mouton mâle, et *brebis* la femelle du bélier. L'*agneau* est le petit de la brebis (1).

397. Quelles sont les *diverses substances* offertes à l'homme par le mouton ?

La *chair* du mouton est une nourriture saine et agréable ; le *suif* provenant de sa graisse sert pour l'éclairage ; sa *laine* est employée pour une foule d'objets ; sa *peau* convient à l'industrie du tanneur ; ses *os* mêmes sont utilisés dans le commerce et les arts ; ses *boyaux* sont employés pour faire des cordes ; son *fumier* est un engrais excellent : on peut enfin dire que le mouton est un des présents les plus précieux que le Créateur ait faits à l'homme.

---

(1) On donne le nom de *moutonne* à la brebis coupée.

398. Combien distingue-t-on de *races principales de moutons?*

Les races de moutons sont nombreuses; on distingue principalement : la *race commune*, qui produit la laine ordinaire et la viande pour la boucherie, — la *race mérinos*, dont la laine est remarquable par la finesse, la beauté et la quantité, — la *race anglaise* de *Dishley*, qui donne une laine longue et lisse; les moutons de cette race sont faciles à engraisser.

On peut ajouter aux trois races précédentes celle des *moutons métis*; ces derniers sont plus rustiques que les *mérinos*, dont ils se rapprochent par la laine que l'on vend souvent pour celle de ces derniers; leur viande possède aussi des qualités avantageuses.

399. Quel est le *meilleur régime des moutons dans la bergerie?*

Quand les moutons ne peuvent pas sortir de la bergerie, on leur donne trois ou quatre fois par jour, en petite quantité et à heure fixe surtout, du fourrage sec. Si l'on manque de bon fourrage, on mêle, avec de la paille hachée, des racines de différentes espèces coupées par petits morceaux, telles que betteraves, navets, carottes et pommes de terre. Cette nourriture ne saurait être trop recommandée aux propriétaires de troupeaux dans tous les climats.

400. Quelle est la *meilleure pratique pour faire boire les moutons en hiver?*

Pendant l'hiver, on devrait faire boire les moutons dans les étables, au lieu de les mener aux abreuvoirs; on conduirait l'eau dans les auges au moyen de tuyaux, et l'on y placerait quelques anneaux de chaîne de fer rouillé, pour que l'eau pût s'y conserver. Les moutons boivent alors plus souvent et prennent une moindre quantité d'eau à la fois, ce qui est très favorable à leur santé. Il y a quelques inconvénients à faire boire les moutons à un courant d'eau ou à l'abreuvoir ; nous en parlerons ailleurs.

401. Comment doit-on *disposer une bergerie?*

Une bergerie doit être bien éclairée et assez vaste pour que les animaux qu'elle doit contenir puissent y trouver l'air qui est nécessaire à leur respiration. Il faut en outre établir quelques soupiraux, afin que l'air (vicié par la respiration, la transpiration des bêtes et les vapeurs du fumier) s'y renouvelle à chaque instant et pour que la chaleur ne puisse pas trop s'y élever; enfin, plusieurs fenêtres garnies de vitres sont utiles pour donner accès à la lumière, lorsque la rigueur de la saison oblige à tenir la bergerie close.

402. Comment doit-on établir les râteliers d'une bergerie?

Les râteliers d'une bergerie doivent être à barreaux, situés verticalement, et assez rapprochés pour que les animaux ne puissent passer leurs têtes à travers, et que la laine du cou ne soit pas salie par le fourrage.

403. Quelle est la *meilleure situation d'une bergerie?*

On doit construire une bergerie sur un sol élevé, à l'exposition du levant ou du midi. Le sol doit être bien pavé et le plancher supérieur ne doit point laisser d'interstices. Quant aux portes, on doit les faire doubles, l'une en treillis, qui donne accès à l'air, et l'autre en planches, pour mettre tous les animaux à l'abri de la rigueur des froids.

SOIXANTE-DOUZIÈME LEÇON

SUITE DU SUJET PRÉCÉDENT

404. Quel est le *meilleur régime des moutons aux champs?*

Les moutons sont nourris sur les pâturages naturels, sur les terrains vagues, ou enfin sur les prairies artificielles. Quand on conduit les moutons dans les prairies artificielles, il faut prendre certaines précautions pour éviter des accidents qui peuvent devenir graves. On ne doit point laisser manger en trop grande quantité les herbes appétissantes d'une prairie artificielle ; il faut attendre que le soleil du matin ait évaporé l'humidité qui recouvre l'herbe, et faire rentrer les bêtes le soir avant le chute de la rosée. On leur donne à l'étable une nourriture sèche et tonique.

405. Existe-t-il *d'autres précautions* quand on conduit les moutons aux champs ?

Comme les grandes chaleurs peuvent incommoder les moutons, il faut avoir soin de retirer le troupeau des pâturages pendant les heures les plus chaudes de la journée et de leur procurer un abri à l'ombre de quelques arbres ou dans la bergerie, en ouvrant les fenêtres opposées au soleil.

Il faut également les ramener quand l'humidité et la pluie les menacent ; car l'humidité dont la toison se trouve imbibée, se conserve longtemps et les tient dans un état de souffrance capable de déterminer de très graves maladies.

406. A quelle *époque* faut-il *tondre les moutons ?*

La tonte des bêtes à laine s'effectue en juin. Plusieurs cultivateurs ont l'habitude de laver les moutons dans l'eau d'une rivière ou d'un ruisseau, de laisser sécher la laine sur le dos de l'animal et d'enlever la toison à l'aide de ciseaux en profitant d'un temps chaud et sans humidité.

Cette méthode est réfutée par l'expérience et par les plus simples notions de physique animale ; car on peut comprendre quels doivent être les effets d'une toison imbibée d'eau qu'on laisse sécher sur le corps de bêtes auxquelles l'humidité est plus funeste qu'à toute autre espèce connue.

407. Quelles sont les *principales maladies* qui affectent les moutons ?

Les principales maladies qui affectent les moutons sont : le *tournis*, la *clavelée*, la *gale*, le *piétin*, le *sang de rate*, la *jaunisse*, etc.

Les causes de la maladie des bêtes à laine sont la trop grande chaleur, les froids excessifs, la mauvaise qualité de l'eau, la frayeur dont ces animaux sont susceptibles, les pâturages malsains.

408. A quels *signes* reconnaît-on qu'*un mouton est malade?*

On reconnaît qu'un mouton est malade quand il a certaines parties du corps dégarnies de laine; lorsque son regard est timide, que son haleine est mauvaise, et enfin qu'il a les gencives pâles.

Quand un animal est malade, si l'on ne possède pas de connaissance qui permettent de combattre l'indisposition, il faut s'empresser d'appeler le vétérinaire.

409. Qu'est-ce qu'un *berger* et quelles *qualités* doit-il avoir?

Le *berger* est un homme qui a la garde d'un troupeau (1); il doit posséder une vigilance et une patience extrêmes, et beaucoup de douceur envers les animaux qui lui sont confiés. Il serait très utile qu'un berger possédât les moyens spéciaux pour maintenir les bêtes du troupeau en santé, et pour les guérir aux premiers signes de malaise.

SOIXANTE-TREIZIÈME LEÇON
BÊTES PORCINES

410. Qu'est-ce que le *porc?*

Le porc ou *cochon domestique* est un animal précieux par rapport à la viande qu'il fournit, et qui, dans la presque totalité des ménages de la campagne, est la seule viande que l'on consomme.

---

(1) Dans le Berry et dans d'autres endroits de la France, on confie le troupeau à des bergères qui n'ont aucune notion sur le soin qu'exigent les bêtes à laine; aussi cette fatale habitude cause-t-elle des pertes énormes à certains propriétaires qui, malheureusement, ne cherchent pas à se rendre compte de la cause fondamentale qui compromet leurs intérêts.

On nomme *verrat* le mâle de l'espèce porcine ; la *truie* est la femelle ; le *porcelet* ou *cochonnet* est le petit de la truie.

411. Combien distingue-t-on de *races principales de porcs ?*

On distingue principalement la race dite *tonquin* et la race *anglo-chinoise*. Diverses races se rencontrent dans certaines exploitations ; elles offrent plus ou moins d'avantages ; ainsi on trouve la *race normande*, — la *race craonnaise*, — la *race périgourdine*, — la *race poitevine*, etc.

412. Quelles sont les qualités qui annoncent ordinairement un bon *porc ?*

Un bon porc doit avoir la tête grosse, le grouin court et camus, les yeux clairs et ardents, le cou épais et gros, les oreilles grandes et pendantes, la carrure large et arrondie, les jambes fortes et courtes, le ventre tombant.

413. Comment *nourrit-on* les porcs ?

Il serait trop long ici d'énumérer ce que peuvent manger les porcs : toute sorte de nourriture leur est bonne, pourvu qu'elle soit abondante et distribuée à heure réglée. On leur donne des herbages bouillis, des graines et des racines ramollies, les résidus des brasseries, des sucreries, des amidonneries et les relavures d'écuelles. En automne, on les mène dans les bois, où ils trouvent des glands et des faînes dont ils sont très avides.

414. A quels *signes* reconnaît-on qu'*un porc est malade ?*

On reconnaît qu'un porc est malade quand il paraît abattu et fatigué ; lorsqu'il marche pesamment et la tête baissée, qu'il a les oreilles rabattues, l'œil trouble, le grouin chaud et un battement à l'avant-cœur, les soies hérissées, enfin quand il refuse à manger.

415. Quels sont les *moyens les plus efficaces* à employer pour *engraisser les porcs ?*

Ces moyens peuvent être réduits à *cinq principaux* : 1° la castration, — 2° le repos, — 3° l'espèce, la forme et la quantité de nourriture, — 4° le choix de la saison, — 5° l'attention de commencer l'engrais par l'aliment le moins appétissant et le moins nutritif, pour terminer par le plus substantiel, celui dont l'animal est le plus friand.

SOIXANTE-QUATORZIÈME LEÇON
ANIMAUX DIVERS

416. Qu'est-ce que la *chèvre?*

La *chèvre* peut être appelée la vache des pays stériles; on la rencontre particulièrement sur les coteaux montueux, couverts d'arbustes ou tapissés d'une herbe trop courte pour servir à la nourriture de la vache.

On nomme *bouc* le mâle de la chèvre ; le *chevreau* est le petit de cette dernière.

417. Quelles sont les *principales races de chèvres?*

On distingue principalement les chèvres d'*Angora* et celles de *Cachemire*. Les avantages que procurent l'éducation et l'entretien des chèvres sont du lait, des fromages, de la chair, des peaux, du poil et du fumier.

418. Quelles sont les *signes* qui indiquent une *bonne chèvre?*

On préfère ordinairement les chèvres dont le corps est grand, la croupe large, les cuisses fournies, la démarche légère, les mamelles grosses, les pis longs, le poil touffu et doux.

419. Comment *nourrit-on* la chèvre?

La chèvre coûte peu à nourrir; elle broute tout ce qu'elle rencontre; on lui donne des pousses de vigne, des choux, des navets, du grain, du son, du marc de raisin qu'on délaye dans l'eau. Il est très nécessaire de tenir la chèvre éloignée

des plantations d'arbres ; car elle y causerait de grands ravages.

420. Quels *soins* doit-on accorder aux chèvres?

Les chèvres craignent le grand froid ; il faut les mettre à
l'abri pendant l'hiver et les tenir proprement à l'étable, que
l'on nettoie chaque jour en renouvelant la litière. Quand on
les nourrit à l'étable, il faut leur donner souvent du sel et en
mettre même dans l'eau qu'on leur fournit soir et matin.
Les chèvres sont sujettes aux mêmes maladies que les moutons.

SOIXANTE-QUINZIÈME LEÇON
SUITE DU SUJET PRÉCÉDENT

421. Quels sont les *produits des lapins?*

Les produits des lapins sont la chair, qui sert d'aliment, la
peau d'où on retire de la colle, et le poil qui est d'un grand
usage en chapellerie.

On nomme *garenne* l'endroit qui est habité par des lapins;
le *clapier* est un lieu clos de murs contre lesquels on établit
de petites loges séparées qui reçoivent les mères, les mâles et
les petits.

422. Qu'appelle-t-on *volaille?*

On donne le nom de *volaille* ou *oiseaux de basse-cour* à
l'ensemble de tous les oiseaux dont l'éducation produit certains
profits au cultivateur qui veut tirer parti de plusieurs matières qui seraient perdues.

Les oiseaux de basse-cour les plus communs sont les *poules*, les *dindons*, les *oies*, les *canards* et les *pigeons* ; on peut
y ajouter les *pintades* ou *poules perlées*, les *paons* et les *fai-
sans*.

423. Qu'est-ce que le *chien?*

Le *chien* est un animal que l'on considère comme le gar-
dien de toutes les parties d'une ferme. Il doit être exercé à

distinguer les amis de la maison et les gens que le travail y amène ; avertir de l'entrée des étrangers et s'opposer courageusement à leurs entreprises, principalement pendant la nuit.

424. Combien distingue-t-on d'*espèces principales de chiens* en agriculture ?

On distingue le *mâtin* ou *chien de basse-cour* proprement dit, et le *chien de berger*. Il n'est pas possible de déterminer les caractères précis qui constituent les races mixtes ; mais ce qu'il importe de savoir, c'est qu'*un bon chien de garde* doit réunir la taille, la force, l'intelligence, l'activité, le courage et l'attachement. Quand le naturel de l'animal est bon, l'éducation fait le reste.

SOIXANTE-SEIZIÈME LEÇON
SUITE DU SUJET PRÉCÉDENT

425. Quels sont les *insectes* les plus utiles en agriculture et dont l'éducation a fait naître deux industries d'une certaine importance ?

Ce sont les *abeilles* et les *vers à soie* : les premières produisent du miel et de la cire ; les seconds donnent la soie qu'on emploie pour la confection des étoffes.

426. Qu'est-ce qu'un *rucher* ?

Un *rucher* est l'endroit où sont placées des ruches. Les ruches peuvent être groupées dans un bâtiment ou exposées

Fig. 15.

en plein air (fig. 15) ; mais il est convenable de les placer de manière que les rayons du soleil les échauffent pendant une grande partie de la journée. La position du soleil levant paraît être la meilleure.

427. De quoi dépend la *bonne récolte* de cire, de miel et d'essaim ?

La *bonne récolte* de cire, de miel et d'essaim ne dépend que des saisons, des contrées habitées par les abeilles et de la fécondité plus ou moins grande de la mère ou reine de chaque ruche ; c'est une chimère que d'attribuer l'importance de la récolte à la forme de la ruche.

428. Quelles sont les ruches les plus généralement préférées?

Les ruches de paille de seigle, dont les cordons sont arrêtés ou cousus ensemble avec la seconde peau u tilleul ou autre ligatures minces, sont préférées à celles qui sont faites de toute autre matière ; car elles offrent le double avantage d'être fraîches en été et chaudes en hiver, et sont aussi propres que solides et peu coûteuses.

429. Quelle est la meilleure forme des ruches?

On distingue les ruches d'une seule pièce et les ruches à plusieurs compartiments; elles ont la forme d'une cloche. Les plus commodes sont celles qui ont trois parties (fig. 16) : une hausse A, placée sur une table, une demi-ruche B et un chapiteau C.

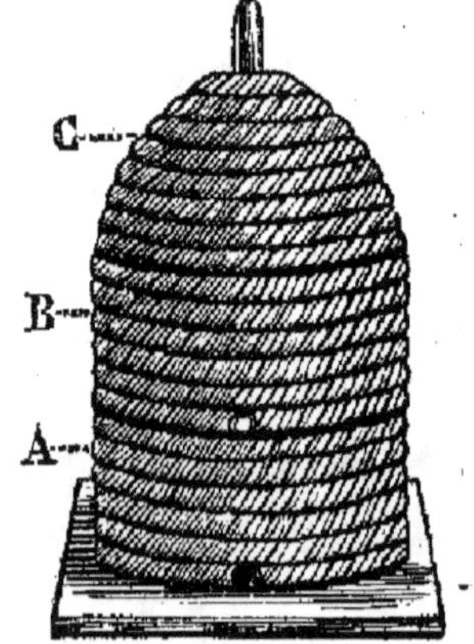

Fig. 16.

SOIXANTE-DIX-SEPTIÈME LEÇON
SUITE DU SUJET PRÉCÉDENT

430. Combien distingue-t-on de *sortes d'abeilles* dans une ruche?

On distingue trois sortes d'abeilles : 1° la *reine* ou *mère* (fig. 17), dont la fonction est de pondre des œufs pour multiplier l'espèce. Elle est plus grosse et plus longue que les autres abeilles, et elle a un aiguillon pour se défendre, — 2° les *ouvrières* ou *abeilles neutres* (fig. 18) qui vont chercher au dehors le miel et la cire ; elles ont comme la mère un aiguillon, — 3° les *mâles* ou *faux-bourdons* (fig. 19), dont la tête est ronde et les ailes plus

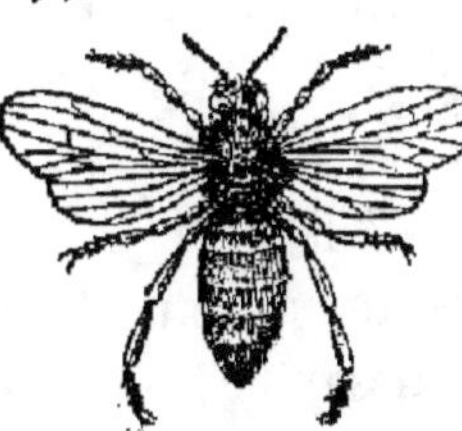

Fig. 17.

grandes que celles des ou-vrières ; ils ont l'abdomen plus trapu et la cou-leur plus noire que ces précé-

Fig. 18.

Fig. 19.

dentes, et ils sont dépourvus de défense. Leur fonction est de féconder la mère au moment de l'essaimage, et ils sont mis ensuite à mort par les ouvrières.

431. Qu'est-ce qu'un *essaim* ?

Un *essaim* est une certaine quantité d'abeilles nouvellement nées qui s'envolent d'une ruche, et qui vont se réunir en forme de grappe sur une branche d'arbre ou autre endroit du voisinage.

432. Comment fait-on entrer l'essaim dans une ruche ?

Pour faire rentrer l'essaim dans une ruche, on tient d'une main cette ruche dans une position renversée, et de l'autre, à l'aide d'une petite branche ou d'un petit balai, on fait tomber les abeilles dedans ; il suffit qu'une partie considérable de l'essaim y soit tombée pour que le reste vienne s'y fixer. On place ensuite la ruche sur une pierre ou sur une table à l'endroit ou près de l'endroit où l'essaim s'est abattu.

433. Comment *récolte-t-on* le miel d'une ruche ?

Au printemps, en été, en automne, après s'être rendu

compte du poids de la ruche, on commence par enfumer l'ouverture avec un linge en combustion attaché à un bâton. — Les abeilles s'étant retirées dans la partie supérieure, on renverse la ruche de côté, et l'on coupe les rayons de miel ou les gâteaux de cire que l'on veut retrancher, en épargnant toutefois les gâteaux bruns qui contiennent le couvain.

SOIXANTE-DIX-HUITIÈME LEÇON
SUITE DU SUJET PRÉCÉDENT

434. Qu'est-ce qu'une *magnanerie?*

Une *magnanerie* est un bâtiment dans lequel on renferme les vers à soie depuis leur naissance jusqu'au moment où ils produisent la soie. Ce bâtiment doit être d'une grandeur proportionnée à la quantité de vers qu'on veut élever, et exposé dans les conditions les plus convenables.

435. A quelle époque fait-on éclore les vers à soie?

On fait éclore les vers à soie au moment où les boutons des mûriers blancs commencent à pousser, c'est-à-dire vers la fin du mois d'avril ou au commencement du mois de mai. Dans l'espace du peu de jours que la graine ou les œufs des vers mettent à éclore, les feuilles s'étendent assez pour nourrir les insectes.

436. Comment fait-on éclore les œufs des vers à soie?

Il existe deux méthodes pour faire éclore les œufs des vers à soie : 1° la *méthode naturelle*, — 2° la *méthode artificielle*. La première méthode mérite la préférence dans toutes les contrées où la température agit toujours à peu près également; elle consiste dans les effets de l'air extérieur.

La seconde méthode consiste à partager les œufs en petits paquets de 5 à 6 décagrammes chacun, que l'on met dans un linge fin recouvert de coton. Des femmes, chargées de faire éclore, portent les paquets sur elles pendant le jour, et les placent la nuit dans leur lit.

487. Comment nourrit-on les vers à soie?

Quand les vers sont éclos, on leur donne les jeunes feuilles qui sont plus tendres; à mesure qu'ils grandissent, ils reçoivent des feuilles plus avancées. Il faut avoir soin de recueillir les feuilles lorsque le soleil a dissipé la rosée du matin, car les feuilles mouillées sont très nuisibles.

Quand on est forcé de prendre des feuilles mouillées par la pluie, il faut les ressuyer en les étendant sur des draps dans un lieu aéré et sec, sans les entasser; on les remue de temps en temps pour éviter qu'elles ne s'échauffent.

SOIXANTE-DIX-NEUVIÈME LEÇON

DEVOIRS DES MAÎTRES ENVERS LEURS SERVITEURS

438. Quels sont les *devoirs des maîtres* à l'égard des domestiques?

Les maîtres doivent donner le bon exemple à leurs domestiques, les traiter avec autant de douceur que de justice, veiller à leur instruction et à leur conduite pour les préparer à devenir honnêtes. Ils doivent payer exactement les gages de ceux qui les servent, et adoucir leur sort autant qu'ils le peuvent.

439. Quels sont les *autres devoirs des maîtres?*

Les maîtres doivent faire leur possible pour rompre les mauvaises habitudes des domestiques qui les servent (1); ils sont également obligés de les empêcher de jurer, de faire des

---

(1) Les avis que donnent les maîtres sont nécessaires pour éviter les dangers auxquels les passions exposent; c'est un frein salutaire qui arrête et qui empêche ceux qui les reçoivent de tomber dans des fautes graves dont les conséquences sont souvent irréparables.

imprécations, de s'enivrer, de tenir enfin des propos impies et libertins.

440. Comment un maître doit-il reprendre ses domestiques?

Le maître doit reprendre ses domestiques sans le moindre emportement et avec patience, en leur faisant comprendre que les mauvaises habitudes ont de funestes conséquences.

Quand un domestique s'obstine à ne pas se corriger, malgré les avis qui lui sont donnés, un maître est forcé alors d'user du dernier moyen, celui de le renvoyer, dans l'intérêt de la famille ou des autres serviteurs.

441. Qu'arrive-t-il lorsqu'un maître néglige de surveiller ses domestiques ou lorsqu'il se laisse entraîner à quelques mauvaises habitudes?

Les domestiques qui n'ont pas assez d'éducation ou qui ont de mauvais penchants sont bien aises de s'autoriser de l'exemple de leurs maîtres; bientôt ils se laissent entraîner à certains dérèglements qu'il n'est plus temps de corriger.

442. Les réprimandes des maîtres *doivent-elles affaiblir l'amour des domestiques* qui sont à leur service?

Les réprimandes des maîtres ne doivent et ne peuvent point affaiblir l'amour des domestiques raisonnables; car les maîtres ne reprennent que par zèle pour aider à l'avancement dans le bien, et, s'ils aimaient moins, ils ne prendraient pas tant à cœur de perfectionner l'éducation de ceux qui les servent et qui sont étrangers à leur famille.

443. Quel effet éprouve un maître *dans la nécessité où il se trouve d'user de plus ou moins de sévérité* à l'égard des domestiques?

Les maîtres n'usent jamais qu'à regret de sévérité à l'égard de leurs domestiques; leur affection souffre toujours des reproches qu'ils sont obligés de faire; enfin les maîtres, étant établis pour guides, doivent nécessairement reprendre les fautes de ceux qu'ils sont appelés à diriger.

QUATRE-VINGTIÈME LEÇON

DEVOIRS DES SERVITEURS ENVERS LEURS MAÎTRES

444. Quels sont les *devoirs des domestiques* à l'égard des maîtres?

Les domestiques doivent respecter leurs maîtres, les servir avec fidélité, ordre et économie, être dociles et leur obéir en tout ce qui n'est pas contraire à la loi du bien; enfin les serviteurs doivent avoir de la reconnaissance pour leurs maîtres.

445. Que doivent particulièrement éviter les domestiques?

Les domestiques doivent particulièrement éviter de médire de leurs maîtres et de publier au dehors ce qui se fait ou se dit dans la maison, afin d'épargner aux familles une suite de discordes qui deviennent souvent très funestes. Ils sont obligés de défendre l'honneur de ceux qu'ils servent, toutes les fois que la méchanceté tend à le ternir.

446. En quoi consiste la *fidélité des domestiques?*

La fidélité des domestiques consiste à ne jamais s'approprier, sous aucun prétexte, ce qui ne leur appartient pas, ni le donner à d'autres; à s'acquitter ponctuellement des devoirs de leurs places, lors même qu'ils ne sont pas surveillés. Enfin, la conscience les oblige à ne pas traiter leurs amis ou leurs compagnons aux dépens de leurs maîtres.

447. En quoi consistent *l'ordre et l'économie des domestiques?*

Les domestiques sont obligés de ne rien laisser perdre par leur faute; ils ne doivent point abuser de la confiance qu'on a en eux pour dissiper ou prodiguer ce qu'on leur a confié. Ils sont obligés de ne pas occasionner de pertes par leur négligence, leur paresse ou leur indifférence, et de ne tirer aucun profit ou avantage personnel de ce qui appartient à leurs maîtres. Quand ils font quelques profits en achetant ou en vendant quelque chose, leur conscience les oblige à en tenir compte à leurs supérieurs, qui en disposent comme bon leur semble.

448. En quoi consistent la *docilité* et la *reconnaissance* de la part des domestiques?

Comme le devoir des maîtres est d'instruire, celui des domestiques est de se prêter à l'instruction. Quand on a un cœur souple et docile aux leçons de son maître, on acquiert une sagesse qui se conserve jusque dans la vieillesse; enfin, il faut se laisser diriger par ceux qui, par leur âge, par leur éducation, ont nécessairement plus de lumière et d'expérience que soi.

Quant à la reconnaissance, on comprend avec le temps tout le prix d'une bonne éducation, et l'on sent combien on est redevable de ce bienfait envers celui duquel on le tient. Les avantages que l'on en retire durent autant que la vie, et c'est pour cette raison que la reconnaissance n'a pas d'autres bornes.

QUATRE-VINGT-UNIÈME LEÇON

ADMINISTRATION AGRICOLE

449. Qu'entend-on par *administration agricole?*

On entend par *administration agricole* l'art de diriger les diverses opérations relatives à l'exploitation d'une ferme et de ses dépendances, avec autant d'intelligence que d'ordre et d'économie.

450. En quoi consiste *l'administration d'une ferme?*

L'administration d'une ferme consiste dans l'emploi, avec une sage mesure, des différentes forces nécessaires à chaque travail particulier, ainsi que des agents dont on peut disposer le plus convenablement.

451. Que doit-on désirer pour que la bonne administration particulière d'une ferme soit complète?

— Il est à désirer que l'autorité supérieure s'occupe d'un règlement sur la profession et les conditions de capacité des *aides ruraux* : ce serait un bienfait qui serait de la plus haute importance pour la prospérité de l'agriculture dans notre pays.

452. A quoi devrait-on assujettir les aides ruraux?

Les aides ruraux devraient être munis de livrets comme les ouvriers des diverses industries. On les prend généralement sans les connaître, et l'on ne s'aperçoit de leur incapacité que par les pertes énormes qui compromettent plus ou moins la fortune des maîtres.

453. Quel est *l'opinion de plusieurs conseils généraux sur cette question?*

Tout récemment, plusieurs conseils généraux ont proposé la création de livrets d'aides ruraux, et ils ont émis le vœu que l'enseignement agricole élémentaire fût introduit sans retard dans les écoles rurales.

QUATRE-VINGT-DEUXIÈME LEÇON
SUITE DU SUJET PRÉCÉDENT

454. Qu'est-ce qu'un *agronome?*

On appelle *agronome* celui qui s'occupe de la théorie de l'agriculture, et qui public des articles de cet art.

455. Qu'est-ce qu'un *agriculteur?*

L'*agriculteur* est celui qui, possédant la théorie de l'agriculture, en fait l'application en cultivant la terre.

456. Qu'est-ce que le *cultivateur?*

On nomme *cultivateur* celui qui cultive la terre qui lui appartient, ou qui exploite une terre, un domaine qu'il tient d'un autre.

457. Qu'est-ce qu'un *laboureur?*

Un *laboureur* est celui qui laboure la terre, qui la cultive avec une charrue ou tout autre instrument capable de produire le même effet.

458. Qu'est-ce qu'un *fermier?*

On appelle *fermier* celui qui prend des terres à ferme ou qui cultive pour le compte d'un propriétaire.

459. Qu'est-ce qu'un *métayer?*

Un *métayer* n'est autre chose qu'un fermier qui fait valoir une métairie; c'est un petit cultivateur.

460. Quelles sont les *trois conditions* nécessaires à toute prospérité agricole?

Les trois conditions nécessaires à toute prospérité agricole sont L'INSTRUCTION, L'ACTIVITÉ ET LA PROBITÉ.

461. Que produit l'*instruction?*

L'*instruction* permet au cultivateur de marcher avec certitude dans l'emploi des pratiques relatives à son art; son intelligence développée lui fait entrevoir ce qui est favorable ou défavorable à la culture.

462. Que produit l'*activité?*

L'*activité* est le principe de l'économie du temps; c'est le maintien de l'ordre, et par conséquent la source de toute prospérité agricole.

463. Que produit la *probité?*

La *probité* inspire la confiance publique; et le cultivateur qui, dans les affaires, agit avec une franchise et une loyauté sincères, réussit et prospère dans toutes les relations qu'il a dans la société.

QUATRE-VINGT-TROISIÈME LEÇON

COMPTABILITÉ AGRICOLE

464. Qu'entend-on par *comptabilité agricole?*

La *comptabilité agricole* est l'ensemble des écritures d'un cultivateur intelligent qui veut se rendre compte des bénéfices ou des pertes qu'il peut réaliser pendant l'année dans son exploitation.

465. De quelle *utilité* est la comptabilité agricole pour le cultivateur?

Un cultivateur qui a soin d'inscrire toutes ses opérations peut, quand il le veut, se rendre compte de ses ressources et apprécier par là s'il lui est possible de continuer une entreprise qui lui promet de bons profits, ou s'il doit nécessairement s'arrêter pour ne pas tomber dans une gêne compremettante, ou une ruine dont il ne pourrait se relever.

466. Quelle est la *comptabilité la plus avantageuse au cultivateur?*

Lorsqu'il s'agit d'une grande culture, on doit tenir les écritures par des méthodes rigoureuses de comptabilité, et, pour cela, il est nécessaire de prendre une personne spéciale. Pour une petite culture, le cultivateur peut lui-même tenir ses comptes; il ne choisira pas une méthode spéciale; il suffit qu'il inscrive ses opérations avec ordre et clarté.

467. Quels sont les *livres* qui suffisent au cultivateur dans une *culture ordinaire?*

Deux livres sont suffisants pour la tenue des écritures dans une culture ordinaire : un *journal* et un *livre de caisse*. Le *journal* indique, jour par jour, chaque affaire faite par le cultivateur; et, dans l'écriture des articles, on a soin de détailler les conventions d'achat ou de vente.

Voici le modèle de trois articles qui peuvent être l'objet d'affaires faites dans un même jour.

1879.   7 janvier.   M. THIBAUT.

Vendu et livré à Thibaut, de Domar, huit cents bottes de foin à vingt-cinq francs le cent........ ci : 200 fr.

Il m'a donné en échange 6 hectolitres de blé à 16 francs l'hectolitre, ce qui fait 96 francs, et il m'a remis 104 francs en espèces pour solde.

1879.   8 janvier.   M. PROUSEL.

*Acheté à **M. Prousel**,* meunier, 5 hectolitres de farine à 40 francs l'hectolitre.............. ci : 200 francs.

Payé.

1879.   12 janvier.   M. VOLLAND.

*Redû à **M. Volland**,* d'Aubercours, par arrêté de compte de ce jour, la somme de cent quatre francs soixante-quinze centimes, que je lui ai payée par mon billet à son ordre, au 15 février prochain (1).

Billet à payer au 15 fév. pr.

---

468. En quoi consiste le *livre de caisse?*

Le livre de caisse consiste en un livre qui présente au *recto* ou page de droite ce que doit le cultivateur, et au *verso* ou page de gauche ce qu'on lui doit; de cette manière il peut faire la balance de chaque compte particulier pour connaître la situation quand il le veut. Les articles de ce livre proviennent de ceux du *journal;* on les passe de ce dernier au précédent tous les 8, 15 ou 30 jours, suivant l'importance des opérations faites dans sa culture.

Quant à l'*inventaire général*, on peut le faire à la fin de chaque année pour connaître sa position.

QUATRE-VINGT-QUATRIÈME LEÇON

MÉTÉOROLOGIE AGRICOLE

469. Qu'est-ce que la *météorologie agricole?*

On donne le nom de *météorologie agricole* à la partie de la MÉTÉOROLOGIE qui traite particulièrement des phénomènes

---

(1) Comme on le voit, sur la droite de chaque article on indique si l'on a payé ou reçu, et l'échéance des billets à recevoir ou à payer. On a soin de réserver une colonne pour ces indications.

qui se produisent dans l'atmosphère, et dont la connaissance est d'une certaine utilité en agriculture.

470. Quels sont les *instruments* employés pour faire des *observations météorologiques?*

Les instruments employés pour faire des observations météorologiques sont : 1° le *baromètre*, pour mesurer le poids de l'air, — 2° le *thermomètre*, au moyen duquel on mesure son degré de chaleur ou de froid, — 3° l'*hygromètre*, pour mesurer son humidité, — 4° l'*anémomètre*, qui indique la direction des vents, — 5° le *pluviomètre*, pour apprécier la quantité moyenne d'eau qui tombe annuellement dans un lieu déterminé.

471. A quels *signes* reconnaît-on la *pluie?*

On reconnaît qu'il pleuvra quand le baromètre descend, lorsque les hirondelles volent bas en rasant la terre, quand les abeilles ne sortent pas des ruches, lorsque les fumiers donnent une odeur plus forte qu'à l'ordinaire, quand les tiges du trèfle se redressent, lorsque le vent vient de l'ouest, du sud ou du sud-ouest.

Si la lune est entourée d'un cercle ou auréole, et si, dans le même moment, le vent vient du midi, on peut prévoir qu'il pleuvra le lendemain, et, quand les étoiles perdent de leur clarté, on peut annoncer de l'orage; enfin, si le vent change fréquemment de direction, on aura de la tempête.

472. A quels *signes* reconnaît-on le *vent?*

On reconnaît qu'il fera du vent quand le soleil est pâle à son lever ou rouge à son coucher, lorsque le ciel présente une couleur rouge au nord, quand la lune paraît grosse et rougeâtre, lorsque les nuages fuient avec une certaine vitesse, enfin quand le baromètre descend au moment des grandes chaleurs.

473. A quels *signes* reconnaît-on le *beau temps?*

On peut espérer un beau temps pendant la journée lorsque le soleil en se levant lance ses rayons à travers un ciel pur, clair et brillant; quand le baromètre remonte, lorsque les étoiles sont brillantes et que le temps est calme; si de légers nuages se dirigent vers l'ouest, on peut espérer également un beau temps..

QUATRE-VINGT-CINQUIÈME LEÇON
SUITE DU SUJET PRÉCÉDENT

474. Quels sont les *signes* relatifs aux *saisons?*

Quand l'automne est humide et que l'hiver est doux, on peut avoir un printemps froid et sec. Si l'hiver est sec, le printemps sera humide; enfin, lorsque le printemps et l'été sont humides, on peut avoir un automne serein.

475. Que nous apprend encore l'expérience *relativement aux saisons?*

L'expérience nous apprend que, quand le printemps est froid, les récoltes éprouvent du retard; si le printemps est chaud, la plupart des fruits sont véreux; enfin, quand le printemps est pluvieux, les blés et les foins sont ordinairement abondants.

476. Quels sont les *pronostics* relatifs aux *mouvements du baromètre?*

Lorsque le baromètre descend quand il gèle, on peut espérer le dégel; si le baromètre descend pendant la pluie, on peut craindre que la pluie ne dure longtemps. Quand le baromètre descend peu de temps avant la pluie, on peut espérer que cette pluie ne durera pas; enfin, si le baromètre descend très bas et reste dans cette situation pendant un beau temps, on peut annoncer qu'il pleuvra beaucoup et qu'il fera du vent.

477. Quels sont les *autres pronostics* relatifs aux *mouvements du baromètre?*

Quand le baromètre monte pendant l'hiver, cela indique de

la gelée ; s'il monte pendant la gelée, on aura de la neige. Si, pendant le mauvais temps, le baromètre monte beaucoup et s'il demeure stationnaire, on peut espérer du beau temps quelques jours après, et ce beau temps peut durer ; mais lorsque le baromètre monte beaucoup et assez vite pendant un mauvais temps, c'est un signe que le beau temps ne durera pas.

On a observé que le baromètre s'élève beaucoup lorsque les vents viennent du nord et de l'est ; au contraire, cet instrument baisse quand les vents viennent d'une autre direction.

478. Quels sont les pronostics relatifs à la *grêle* et à la *neige* ?

On peut prévoir qu'il neigera ou grêlera quand les nuages d'un gris foncé prennent une teinte blanchâtre pendant qu'on a le vent du nord. Il en sera de même lorsque le soleil et la lune sont entourés d'une auréole pâle un peu rougeâtre ou quand l'air paraît s'épaissir et s'adoucir après un froid violent.

APPENDICE

QUATRE-VINGT-SIXIÈME LEÇON

CULTURE DE LA VIGNE

479. Qu'est-ce que la *vigne* ?

La *vigne* est un arbre fruitier originaire de l'Asie et dont les variétés sont considérables, puisque les botanistes en comptent plus de quatorze cents.

480. Quelles sont les *variétés* des vignes les plus connues en France et qui donnent le vin rouge ?

Parmi les *variétés* des vignes cultivées en France, on distingue : 1° le *pineau noir*, appelé vulgairement *noirien* ou *mourillon* dans l'Orléanais et *petit plant doré* en Champagne, — 2° le *pineau gris*, désigné vulgairement sous les noms de *beureau* ou *muscadet* en Bourgogne et de *fromentot* en Champagne, — 3° le *gamay*, cultivé généralemeut dans les plaines.

481. Quelles sont les *variétés* des vignes qui produisent le vin blanc le plus estimé?

Parmi les vignes ou cépages qui fournissent le vin blanc, on distingue : 1° le *pineau blanc* ou *chardenay*, — 2° l'*alligotet*, — 3° le *gamay blanc*, — 4° le *melon*, — 5° le *plant d'Artois*, — 6° le *pulvart*, connu vulgairement dans le Jura sous les noms de *pendouleau* et de *raisin perle*.

482. Quelles sont les *expositions* qu'il faut choisir pour planter la vigne?

Les vignes exposées au midi donnent généralement des produits meilleurs que celles qui regardent l'est ou le sud-est; l'exposition légèrement inclinée vers le nord présente certains avantages en ce que les vignes sont moins sujettes aux gelées de printemps et qu'elles reçoivent les impressions favorables du vent du nord. L'exposition de l'ouest est défavorable partout.

Quant à la situation la plus avantageuse, on doit préférer pour la vigne un coteau ou une colline aplatie, légèrement arrondie à son sommet, afin que les rayons du soleil puissent frapper la plante de tous les côtés, et que les eaux s'écoulent avec facilité.

483. Quel *sol* convient à la vigne?

Un terrain sec et léger, caillouteux et calcaire, granitique ou volcanique, est celui qui convient le mieux à la vigne, parce que les racines de la plante peuvent mieux pénétrer en terre et qu'elles n'ont pas à craindre l'humidité.

484. De quoi dépend la *bonté du vin?*

La *bonté du vin* dépend de trois choses : — 1° de la qualité du terrain, — 2º de la bonne assiette des vignobles, — 3º du choix convenable du plant.

QUATRE-VINGT-SEPTIÈME LEÇON
MULTIPLICATION ET PLANTATION DE LA VIGNE

485. Comment *crée-t-on* la vigne?

La vigne *se crée* et se perpétue au moyen de *crossettes*, de *boutures*, de *provins*, de *plants enracinés* et de *semis*.

Dans un cépage, il ne faut planter que la même espèce de raisin pour que tout le fruit soit mûr à l'instant de la récolte.

486. Quel *fumier* faut-il employer pour la vigne?

Les *fumiers* conviennent à la vigne quand on a en vue plutôt la *quantité de récolte* que la *qualité du vin*, mais la vigne préfère, comme fumier, de la terre neuve ou un mélange de terre et de gazon qu'on laisse d'abord consommer et dont on entoure ensuite chaque pied de vigne. On emploie le plus souvent un mélange de terreau et de marne vers la fin de l'automne.

487. Comment crée-t-on la vigne par *crossette?*

La *crossette* ou *chapon* est une partie de sarment d'une année, à laquelle tient une petite portion de bois de la pousse précédente coupée à un cep fort et vigoureux. Les crossettes sont coupées en octobre, au moment de la taille; on les place ensuite dans la terre humide jusqu'à la plantation.

Pour planter les crossettes, on les trempe pendant sept à huit jours dans l'eau d'une mare ou dans celle d'une fosse boueuse; on les met ensuite en terre, après les avoir coupées avec une bonne serpette, à 4 ou 5 millimètres d'un œil non altéré. Il est plus avantageux de prendre les crossettes dans les terres plus maigres que celles où l'on se propose de planter : cette opération a lieu en mars et avril dans le nord, et en automne dans le midi.

488. Quel moyen emploie-t-on pour planter la vigne par *bouture?*

La *bouture* étant la même chose qu'une crossette, moins la partie de vieux bois, on agit absolument de la même manière que pour cette dernière.

489. Comment plante-t-on la vigne par *marcotte?*

On plante la vigne par *marcotte* en couchant un sarment en terre : la partie enterrée pousse des racines, et au bout d'un an on coupe le sarment pour transporter la marcotte avec la motte de terre dans un endroit convenable à sa culture. Cette méthode ne peut être pratiquée en grand.

490. Quelle marche suit-on pour planter la vigne par *provins?*

La plantation de la vigne par *provins* a pour but de rajeunir les vieilles vignes, ou d'avoir des plants enracinés. Elle consiste à prendre, au moment de la taille, un cep qui ait plusieurs brins d'une force égale. Au-dessous du cep que l'on a choisi, on creuse une fosse de 20 à 30 centimètres de profondeur sur 35 centimètres environ de largeur. On relève le cep pour le dépouiller des racines surabondantes; on l'étend dans la fosse, et l'on recourbe avec précaution les branches en demi-cercle. Après les avoir fixées au moyen d'un crochet pour qu'elles ne puissent se déranger, on redresse dans le sens perpendiculaire leur extrémité sur le bord extérieur de la fosse.

Pendant un an, on taille à deux ou trois yeux, puis on sèvre les provins en les séparant du tronc-mère : ils sont alors assez enracinés pour croître; il vaut mieux ne pas les séparer.

491. Quel procédé emploie-t-on pour planter la vigne par *plant enraciné?*

Le *plant enraciné* est un cep qu'on obtient dans les pépinières au bout de deux ans; il est produit par une crossette ou par une bouture.

Comme la vigne une fois enracinée n'aime pas à être déplacée, on doit préférer à ce mode de reproduction de la vigne celui par crossette et par bouture.

492. Comment plante-t-on la vigne par *semis?*

La vigne se plante par *semis* en semant en mars dans la pleine terre ou dans des vases un certain nombre de pépins bien mûrs; on couvre le semis avec de la terre fine ou du terreau, et l'on protège ce semis du froid ou de la grande chaleur. La graine se lève au bout de huit à dix jours; on repique les plants de deux ou trois ans.

Cette méthode est trop lente pour être appliquée avec avantage; un pied de vigne provenant de semis ne produit du raisin qu'après dix ou douze ans de culture.

QUATRE-VINGT-HUITIÈME LEÇON

TAILLE DE LA VIGNE

493. Qu'appelle-t-on *taille de la vigne?*

On nomme *taille de la vigne* l'opération faite dans le but de régler la quantité des fruits pour en obtenir chaque année une même quantité moyenne.

494. Comment fait-on la *première taille* de la vigne?

On enlève tout le jet qui suit les deux yeux au bas du cep, et l'on rogne l'œil qui est au-dessus du premier.

495. En quoi consiste la *deuxième taille* de la vigne?

La *deuxième taille* de la vigne consiste à ne laisser que trois sarments sur la souche, les autres étant coupés ras sur cette souche lorsque l'on veut une vigne moyenne.

496. Comment effectue-t-on la *troisième taille* de la vigne?

Pour la *troisième taille* de la vigne, on donne un bourgeon de plus à chaque tête ou *mère-branche* dont le nombre doit être tel que chaque vigne en ait deux ou trois.

497. Comment opère-t-on la *quatrième taille* de la vigne?

A quatre ans, la vigne donnant du fruit, on taille à deux yeux sur les sarments qui ont le plus de vigueur.

498. En quoi consiste la *cinquième taille* de la vigne?

Pour la cinquième taille de la vigne, on coupe à deux yeux sur le bois le plus fort; on se borne à un seul bourgeon comme produit du sarment inférieur; enfin, on ne laisse en tout que cinq coursons.

499. Comment obtient-on une récolte abondante?

Pour avoir une récolte abondante, on réserve sur chaque cep vigoureux un sarment que l'on ne taille pas et dont on a coupé l'extrémité; ce sarment est appelé *sautelle* ou *pleyon*.

500. Quelle est l'*époque* de la taille des vignes?

On n'est pas d'accord sur l'époque la plus favorable pour tailler les vignes : les uns prétendent qu'en taillant de bonne heure on obtient plus de bois, et qu'en taillant tard on a plus de fruits; d'autres assurent qu'en taillant plus tôt on provoque une grande activité dans la sève, ce qui détermine des bourgeons plus forts qui se chargent de grappes. Quoi qu'il en soit, on doit avoir égard au climat et à l'exposition, afin d'éviter l'effet des gelées sur les coursons ou sur les bourgeons.

Après la taille, il est très avantageux de nettoyer le pied de la souche au moyen d'une brosse de chiendent et d'eau de chaux pour enlever toute plante parasite.

QUATRE-VINGT-NEUVIÈME LEÇON
GREFFE DE LA VIGNE

501. Comment *greffe-t-on* la vigne?

Pour greffer la vigne, on enlève la terre qui entoure la souche à greffer à une profondeur de 15 à 20 centimètres; on coupe franchement le tronc pour former ce que l'on nomme un *plot* et de manière que la surface supérieure de l'incision soit à 5 centimètres environ plus bas que la surface du sol. On met le tranchant de la lame sur le milieu du plot, et l'on frappe sur le dos avec un maillet : le tronc étant fendu suffi-samment, on retire doucement la lame pour introduire un coin dans la fente et la tenir ouverte. On place enfin la greffe de manière que le *liber* (bois entre l'écorce et la moelle) de cette greffe soit en conctact immédiat avec le liber du plot, et pour que la soudure se fasse bien.

La greffe étant bien placée, on enlève le coin pour lier fortement avec de l'écorce de tilleul ou de bois blanc et l'on entoure avec de la terre glaise. On enveloppe la greffe de mousse que l'on maintient avec un lien d'osier ou de laine, puis on comble le trou en ne laissant sortir que deux boutons.

501. A quelle époque greffe-t-on la vigne?

On greffe la vigne au printemps, parce que la sève est en pleine ascension à cette époque. On choisit des entes sur le bois d'un an ou sur de vieux bois, et on les coupe une quin-zaine de jours avant l'ascension de la sève; on les conserve dans un lieu frais, et, deux jours avant de greffer, on les fait tremper dans l'eau, puis on les taille en forme de coin; on les remet tremper. Il est plus favorable de les préparer au mo-ment de s'en servir.

502. Quelle greffe emploie-t-on pour la vigne?

On emploie généralement la greffe en fente dont nous ve-nons de parler et la greffe par approche. Il existe encore une autre manière de greffer à laquelle on donne le nom de *greffe-marcotte*; il suffit de coucher des sarments en terre dans de petites fosses que l'on pratique au pied des souches mères, au courant de l'hiver. On couvre ces sarments avec du terreau en ne leur laissant que deux bourgeons, et en supprimant ceux qui sont entre la souche mère et la fosse. La séparation s'ef-fectue un an après, et la marcotte est garnie des racines suf-fisantes pour sa végétation quand on la transplante.

QUATRE-VINGT-DIXIÈME LEÇON
FAÇONS A DONNER A LA VIGNE

504. Quelles *façons* doit-on donner à la vigne ?

Immédiatement après la taille d'une vigne, il faut donner un labour à la main ou à la charrue. Dans la belle saison, on lui donne trois binages : le premier avant la floraison, au moment où les bourgeons commencent à laisser entrevoir les grappes; le deuxième, lorsque les grains sont formés; enfin le dernier, quand le fruit entre en maturité.

505. Qu'appelle-t-on *enchalassement* ?

L'*enchalassement* est une opération qui consiste à employer comme supports des bâtons nommés *échalas*; on les prend en bois de chêne, qui a le plus de durée.

C'est après le premier binage que l'on plante les échalas; on en place un à chaque cep, et on les fixe avec un lien de paille ou de chanvre.

506. Qu'est-ce que *l'accolement* ?

L'*accolement* consiste à lier de nouveau à l'échalas les branches qui ont pris du développement; il faut employer les mêmes liens et ne pas trop serrer.

507. Qu'appelle-t-on *pinçage* ?

Le *pinçage* a pour objet de faire refluer la sève vers le fruit, et consiste à couper l'extrémité des sarments.

508. Qu'est-ce que l'*ébourgeonnement* ?

On appelle *ébourgeonnement* l'opération qui consiste à enlever du cep les *brindilles*, les *faux bourgeons*, les *branches chiffonnes* qui se sont développées à la suite du pinçage et qui vivraient aux dépens des grappes.

On ne doit pratiquer l'ébourgeonnement que par un temps bien sec et quand le soleil a dissipé la rosée.

509. Qu'appelle-t-on *effeuillage* ?

On nomme *effeuillage* ou *épamprement* l'opération qui a

pour but de mettre le raisin au contact des rayons solaires; on enlève avec ménagement, et plutôt à diverses reprises, les feuilles auprès des grappes lorsque les graines sont arrivées à leur grosseur. Si l'on effeuille trop, le raisin sèche et se flétrit avant sa maturité. Il vaut mieux couper la feuille au milieu de son pédoncule que de l'arracher.

510. A quelles *maladies* la vigne est-elle sujette, et quels sont les *parasites* et les *insectes* qui l'attaquent?

La vigne est sujette à diverses maladies, à des parasites et à des insectes qu'il faut toujours combattre; les plus connues sont: la *rouille* qui attaque la feuille; on arrête le mal en coupant cette dernière, — la *jaunisse* que l'on guérit comme la rouille, — l'*isaire* provenant d'un champignon qui attaque les feuilles et les raisins et que l'on combat au moyen d'injections de fleur de soufre, — l'*oïdium* que l'on reconnaît en ce que les raisins et les feuilles sont couverts d'un réseau blanchâtre; on combat cette maladie comme l'isaire, — la *teigne* ou insecte qui, en attaquant les grains du fruit, modifie la qualité du vin,—la *pyrale* qui sillonne la feuille, coupe les pétioles et les pédoncules,—l'*attelabe* ou *becmare,*—le *charençon,* — l'*eumolpe* ou *gribourg,*—le *sphinx,*—le *ver blanc,*—les *hélices* et les *limaces* qui causent de grands dommages aux plantes. On a combattu ces insectes et autres au moyen de l'ébouillantage ou des cloches de tôle à acide sulfureux. Mais l'insecte qui est le plus désastreux pour les ceps, c'est le *phylloxéra,* dont nous allons parler.

QUATRE-VINGT-ONZIÈME LEÇON (1)
PHYLLOXÉRA

511. Qu'est-ce que le *Phylloxéra?*
Le phylloxéra est un insecte qui ressemble à un petit pu-

---

(1) Nous offrons, dans ces deux leçons, ce qui peut donner une idée suffisante du phylloxéra et des moyens qu'on a proposés pour le combattre.

ceron de couleur brun jaunâtre; il est articulé, possède six pattes, deux antennes et une sorte de trompe. La figure 20 le re-présente vu en dessus A et en dessous C, avec sa trompe ou suçoir; en B on voit la forme de l'œuf, et les deux points supérieurs cor-respondent aux yeux de

Fig. 20.

l'insecte qu'il contient. A l'état adulte, le phylloxéra a 3/4 de millimètre de long sur 1/2 millimètre de large.

Cet insecte a déjà fait son apparition en Portugal, en Autri-che, en Grèce, en Angleterre dans plusieurs serres et en Irlande.

512. Sous quels aspects trouvent-t-on le phylloxéra femelle pondant des œufs?

Dans une même famille, on observe des phylloxéras fe-melles sans ailes (aptères) et des phylloxéras ailés, un peu plus grands que les précédents, et dont la figure 21 donne une idée. Les premiers ont une vie souterraine : ils se meuvent sur les ramifications des racines et passent d'une fissure à l'autre pour changer de cep; les seconds quittent le sol pour être transportés (aidés par le vent) à des distances de 15 à 20 kilomètres.

Fig. 21.

On suppose que le phylloxéra ailé a terminé toutes ses mues et qu'il est parvenu à l'état d'insecte parfait.

513. Comment le phylloxéra *se reproduit-il?*

Vers la fin d'avril, les femelles pondent des œufs d'où sor-tent en peu de jours autant de larves; après plusieurs mues, ces larves sont adultes; et quand elles ont vingt jours, si elles sont femelles, elles pondent une trentaine d'œufs. (Les mâles sont très petits et ne vivent que le temps nécessaire à la fé-condation.) Le phylloxéra se reproduit avec une progression inconcevable, et les savants entomologistes ont calculé qu'une seule femelle produit plusieurs milliards de sujets, du mois d'avril au mois d'octobre, par suite de huit générations successives qui pondent simultanément.

514. Comment le phylloxéra apparaît-il dans un vignoble?

En Amérique, le phylloxéra se développe principalement dans des galles fixées sous les feuilles et que l'insecte produit par sa piqûre; en Europe la funeste engeance exerce ses ravages sur les racines.

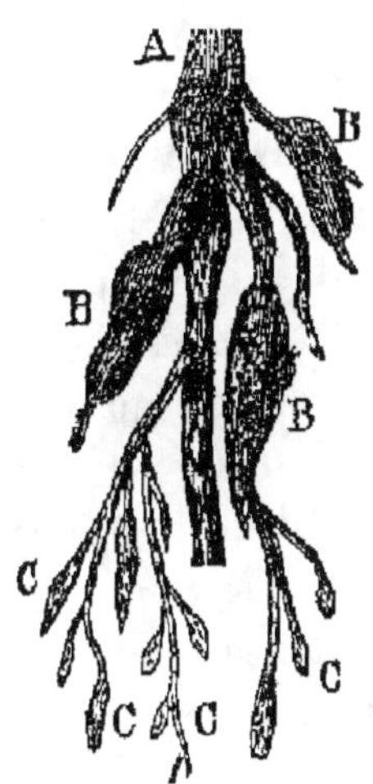

Fig. 22.

Quand un cep A (fig. 22) est attaqué par ses racines, il a des feuilles flétries, jaunies et rougeâtres; il se rabougrit et sa croissance s'arrête, puis il meurt. En examinant les racines, on voit sur les radicelles des gonflements fusiformes B, ou des nodosités C, sur lesquels se trouvent des œufs et des phylloxéras accrochés par leur trompe; bientôt ces renflements deviennent flasques et noirâtres pour tomber en poussière, et les œufs ont donné des larves qui vont chercher des racines saines dans le voisinage.

QUATRE-VINGT-DOUZIÈME LEÇON

DESTRUCTION DU PHYLLOXÉRA

515. Quels sont les *moyens* qui ont été proposés *pour détruire le phylloxéra?*

Le moment le plus favorable pour attaquer le phylloxéra est le commencement d'avril, car à cette époque l'insecte se réveille de son engourdissement hivernal, et sa peau se trouve très impressionnable aux agents toxiques. Lorsqu'on veut combattre la maladie phylloxérienne, on doit avoir pour but de tuer l'insecte nuisible sans nuire aux ceps qu'il faut chercher au contraire à réconforter. Pour arriver à ce résultat, cinq moyens ont été proposés après expériences; ils consistent: 1° en *substance chimique*, — 2° en *submersion*, — 3° en *cépages américains*, — 4° en *arrachage des plants*, — 5° en *ensablement des ceps*.

516. Quels avantages donnent les *insecticides?*

Les insecticides les plus favorables sont ceux qui dégagent du gaz capable d'asphyxier le phylloxéra dans son domicile souterrain. M. Dumas a conseillé un mélange en solution concentrée de sulfure alcalin de potassium, de sodium ou de calcium avec du sulfate d'ammoniaque des usines à gaz, mais les moyens qu'il propose sont assez dispendieux. Bien avant M. Dumas, nous avons préconisé un produit *qui ne coûte rien* quand on le possède à proximité; c'est le *marc* ou *résidu de la fabrication de la soude* (sulfure de calcium). On le dissout dans l'eau et on l'introduit dans le sol au moyen d'une tige creuse, pointue au bout et garnie de petits trous sur les côtés (1).

517. Que produit la *submersion hivernale?*

La submersion a donné de bons résultats par une durée de 1 à 2 mois; mais ce procédé n'est pas applicable partout faute d'eau ou à cause de la position inclinée du sol; on y a recours favorablement dans les terrains plats et forts, résistants et peu profonds, car l'eau tient bien et sa densité suffit pour asphyxier le phylloxéra.

518. En quoi consistent les *cépages américains?*

L'Amérique possède des plants qui résistent aux attaques

---

(1) Le sulfure de calcium au contact du sol se trouve décomposé par l'acide carbonique contenu dans la terre; il se forme du *carbonate de chaux*, qui est un bon engrais, et du *gaz sulfhydrique* plus lourd que l'air et très asphyxiant; l'expérience m'a prouvé que les insectes qui y sont plongés n'y résistent pas.

du phylloxéra; tel est le *scuppernong* ou vigne à peu près sauvage. Les plants qui ont été transportés en France ont donné d'assez bons résultats.

519. Que produit l'*arrachage des plants?*

L'arrachage des plants phylloxérés a de très grands inconvénients, en raison des frais importants d'extraction et ensuite de plantations nouvelles dont les produits sont nuls pendant plusieurs années. Souvent l'opération est infructueuse, parce qu'il reste toujours dans le sol des fragments de racines attaquées par les phylloxéras qui se portent immédiatement sur les jeunes plants.

520. Quels résultats produit l'*ensablement ?*

L'ensablement des ceps est souvent efficace, parce que le phylloxéra ne peut pas se développer ni se mouvoir dans les terrains sablés, et que ces substances les asphyxient en obstruant leurs stigmates. Ce procédé est fort dispendieux, même dans les localités où le sable est à peu de distance.

521. Quels sont les *résultats les plus satisfaisants obtenus jusqu'ici ?*

La science n'a pas encore pu se prononcer d'une manière absolue sur le meilleur mode pour détruire le phylloxéra; un grand nombre de praticiens ont obtenu depuis peu de très bons résultats, au moyen d'engrais de divers mélanges de fumiers, d'urines et de sulfures. La vigne a donné des récoltes abondantes quoique attaquée par l'insecte dévastateur; il faut donc, pour l'instant, se décider à fournir aux ceps la nourriture qui peut les réconforter, sans tenir compte de la présence du phylloxéra; on emploiera toutefois les meilleurs mélanges pour produire un double effet simultané : 1° *entretenir* une bonne végétation, et 2° faire *émigrer* ou *détruire* le phylloxéra.

FIN

TABLE

FIN DE LA TABLE

648. PARIS. — IMPRIMERIE CHARLES BLOT, RUE BLEUE, 7.